KB272974

세티 과학자들이 직접 들려주는

우주 생명 이야기

세티 과학자들이 직접 들려주는

우주 생명 이야기

세스 쇼스탁 · 알렉스 버넷 지음 | 이명현 옮김

초판 1쇄 발행 2005. 9. 15.   초판 2쇄 발행 2008. 2. 27.
발행인 | 고용석   발행처 | 다우출판사   편집 | 남미은
등록번호 | 제03-01192호   등록일자 | 1999. 7. 15.
서울시 용산구 청파2가 71-14 3층   대표전화 | 02-701-3443
팩스 | 02-701-3442   E-mail | onbook@korea.com/yesbook@chollian.net

Cosmic Company by Seth Shostak, Alex Barnett
© 2003 by Seth Shostak, Alex Barnett
Korean translation edition © 2005 by Dawoo Publishing Co.
Published by arrangement with Cambridge University Press, UK
via Bestun Korea Agency, Korea
All rights reserved.

이 책의 한국어 판권은 베스툰 코리아 에이전시를 통하여
저작권자와 독점 계약한 다우 출판사에 있습니다.
저작권법에 의해 한국 내에서 보호를 받는 저작물이므로
어떠한 형태로든 무단 전재와 복제를 금합니다.

파본은 구입하신 서점이나 본사에서 교환해드립니다. 책값은 뒤표지에 있습니다.

ISBN   89-88964-32-2 03400

세티 과학자들이 직접 들려주는

우주 생명 이야기

세스 쇼스탁 · 알렉스 버넷 지음 | 이명현 옮김

Publishing 디아

외계인 조를 찾아 떠나는 우주 여행

제게는 소중히 여기는 사진이 한 장 있습니다. 네팔 히말라야 산맥을 배경으로 해서 해돋이 직후에 찍은 흑백 사진인데, 보는 사람마다 사진 속 인물은 제쳐두고 배경에 찍힌 뭔가에 대해서 한마디씩 합니다. '어? UFO!' 사진 왼쪽 위쪽 구석에 UFO처럼 생긴 작고 검은 물체가 찍혀 있고, 오른쪽 위쪽에는 반투명한 작은 타원체 세 개가 찍혀 있습니다. 진짜 UFO가 찍힌 것이라면 얼마나 신이 나겠습니까만(저도 가슴이 뜁니다!), 시시하게도 검은 것은 인화할 때 들어간 먼지이고 반투명한 것은 물방울이 사진에 튀면서 생긴 얼룩 자국일 뿐입니다.

우주 생명에 관한 강의나 강연을 할 때 학생들의 눈을 집중시키기 위해 이 사진을 곧잘 써먹습니다. 사진 한 장을 보고도 이렇게 쉽게 외계인과 UFO를 연결짓고 떠올릴 만큼 외계인에 대한 사람들의 관심과 믿음은 무척이나 큰 것 같습니다. 이 책에도 나오지만, 우리은하 안에 있는 외계 지성의 수를 결정하는 드레이크 방정식의 결과값을 결정해보라는 과제를 내면 많은 학생들이 무척 큰 값을 구해 오곤 합니다. 우리은하 안에 이미 많은 외계 지성체가 있다고 생각한다는 뜻이지요. 또는 그렇게 기대하고 있다고 해도 될 것 같습니다.

일반 대중과는 좀 다른 방향이지만, 과학자들도 지구 밖 우주 생명의 존재에 대해서 관대한 의견을 갖고 있는 듯합니다. 유럽 우주국이 2005년 2월

네덜란드 노르드베이크에서 열렸던 화성 탐사 회의에 참가한 과학자 250인을 대상으로 한 설문 조사 결과를 보면 참 흥미롭습니다. 한때 박테리아 형태의 생명체가 화성에 존재했었다고 생각한다고 대답한 과학자가 무려 75퍼센트, 지금 이 순간에도 화성에 생명이 존재한다고 대답한 과학자도 25퍼센트에 달했습니다. 그렇다면, 제 의견은? 오래 전에 화성에서는 단순한 형태의 생명들이 태어나고 죽고를 반복했을 것 같고, 현재에는 아주 단순한 박테리아 수준의 생명체가 땅 속에 존재하지 않을까 하는 정도입니다. 너무 평범한 의견인가요? 여러분들 의견은 어떠신지요?

우주 생명에 대한 일반 대중의 관심과 과학자들의 관심과 노력 사이에는 큰 공통분모가 존재하지만, 여전히 많은 면에서 거리가 있는 것도 사실입니다. 이 책이 바로 그러한 과학자들의 우주 생명을 찾는 노력과 일반 대중의 호기심을 하나로 묶어주고 서로 소통하고 만날 수 있게 해주는 책이라고 할 수 있습니다. 세티 프로젝트와 과학 대중화의 최전선에서 활동하고 있는 두 저자가 쉬운 일상의 언어로 설득력 있게 풀어가는 우주 생명 이야기는, 단순한 지식을 넘어서서 우리 자신을 외계 생명이라는 거울에 비춰서 돌이켜보게 해주는 그런 마력을 지니고 있습니다. 따라서 여기서는 내용 하나하나를 풀어 소개하기보다는 외계 생명 이야기이지만 결국은 우리 자신의 이야기로 귀결된다는 한 가지 힌트만 던지려고 합니다. 또한 독자들은 책을 붙잡는 순간 블랙홀로 빨려들어갔다가 책을 다 읽고 내려놓으면 화이트홀을 빠져나온 것 같은 기분을 느끼시리라 감히 예견해봅니다. 그리고 그 긴 여정의 끝에서 우리들이 그토록 찾고 또 찾고자 하는 외계 생명체는 결국 우리들 자신의 또 다른 모습이 아닐까 하는 느낌을 가지게 될 것으로 확신합니다.

공동 저자의 한 사람인 세스 쇼스탁 박사와 저는 개인적인 인연이 있습니다. 제가 박사 학위를 위해서 네덜란드 캅테인 천문학 연구소에 공부하러 갔을 때, 쇼스탁 박사가 마침 그곳에서 연구원으로 일하고 있었습니다. 같은 전파 천문학 전공자로서의 인연도 있습니다. 사실 제가 석사 학위 논문을 쓰면서 쇼스탁 박사의 논문을 많이 읽고 인용해서인지 처음 만났을 때도 그다지 낯설지 않았던 기억이 납니다. 전파 천문학자인 쇼스탁 박사가 세티 연구소에서 일하게 된 것은 세티 프로젝트의 핵심 과제가 외계 지성으로부터 오는 전파 신호를 수신하는 것인만큼 당연한 수순이라고도 생각됩니다. 캅테인 천문학 연구소 연구원 재직 시절부터도 여러 방면에 관심과 소질이 많았던 쇼스탁 박사는 연구소 홍보 영상물 제작도 도맡아 했습니다. 박사 과정 1년차 학생이었던 제가 복도를 지나가는 '학생 1'로, 도서관에서 책을 찾아 열심히 읽고 있는 또 다른 학생 역으로, 그가 만든 홍보용 영상물 몇 편에 출연했던 추억이 떠오릅니다. 저와는 이런저런 인연이 얽혀 있는 쇼스탁 박사가 쓴 글을 번역하게 되어 무척 기쁩니다.

처음 만나던 날, 우주 생명에 대한 개인적인 호기심과 관심이 이 책의 출판을 결정하게 된 가장 큰 이유라며 평소 갖고 있던 외계인 이론을 논리적으로 설파하던 다우출판사 고용석 사장님의 모습이 무척 인상적이었고 많은 지적 자극을 받았습니다. 또, 이해하기 어려운 부분은 토론을 통해서라도 끝끝내 이해하려고 애쓰던 남미은 씨의 모습에서 일에 대한 열정과 꼼꼼함을 느꼈고 무척 존경스러웠습니다. 두 분 모두에게 이 글을 통해서 다시 한 번 감사를 드립니다.

마음이 허전하거나 어디론가 가고 싶을 때, 이 책과 함께 '외계인 조'를 만나는 우주 여행을 떠나보면 어떨까요?

• 일러두기

1) 이 책은 Cosmic Company – The Search for Life in the Universe(2003)를 번역한 것입니다.
2) ★표시는 원주이고, 번호가 표시된 것은 옮긴이가 단 각주입니다.

차례

우리는 외계인의 존재를 증명할 수 있다

이 책은 우리와는 다른 외계 생명체를 탐사한 기록이다. 외계인은 정말 존재할까? 이 책을 읽고 있는 순간에도 우리가 볼 수 없는 어떤 세계에서는 사고思考가 가능한 다수의 생명체가 나름의 삶을 살아가고 있지 않을까? 아직까지 밝혀지지 않은 수많은 외계 문명들이 광활한 우주 공간에 널리 퍼져 있지 않을까?

이러한 질문은 아주 오래된 것이다. 아마도 인간이 그런 생명체의 존재 여부를 궁금해할 정도의 지적 능력을 갖추게 된 이후부터 계속 이어져왔을 테니 말이다. 과거의 사람들은 이에 대한 해답을 얻는 유일한 방법은 이야기를 지어내는 것이라 생각했고 그렇게 했다. 고대 그리스인들은 밤하늘의 별들이 신과 남자들의 고향이라고 믿었다. 즉 그들에게 우주는 예전에 자신들이 거주했던 장소였다. 중세 유럽인들은 우주가 온통 사고 능력을 가진 외계인들로 가득 차 있으리라고 쉽사리 믿으려 하지 않았다. 왜냐하면, 이로 인해 지구와 지구에 사는 사람들이 신에게 덜 중요한 존재로 여겨질 것을 두려워했기 때문이다. 최근 몇 세기에 들어서야 비로소 다음과 같은 방향의 질문이 제기되었다.

 세티 과학자들이 직접 들려주는 우주 생명 이야기

생명체가 거주할 만한 작은 행성이 이 우주에 단 하나뿐이라면, 신은 왜 이렇게 거대한 우주를 만든 것일까? 그것은 40개의 방을 갖춘 저택을 지어놓고는 그 복도에 임시숙소를 짓는 것이나 마찬가지가 아닌가? 그렇다면 공간의 낭비가 아닐까?

오늘날 유럽과 미국에서 실시된 여론조사에 따르면 인구 절반 이상이 저 너머 어딘가에 외계 생명체가 존재한다고 믿고 있는 것으로 나타났다.[*] 그렇게 믿는 사람들 가운데 다수는 외계 생명체가 우리의 행성을 점령하기 위해서 또는 우리의 후손들과 우주 전쟁을 벌이기 위해서 지구를 찾아온다고 결론을 내리고 있는데, 이는 그런 내용의 영화나 드라마를 많이 보았기 때문인 것 같다(외계인을 친근한 존재로 다룬 영화는 매우 적은데, 외계인이 매정하고 사악한 존재로 그려지는 것이 보다 유용한 스토리를 이끌어내기 때문이다). 그러나 외계인이 화면에 자주 등장한다고 해서 그들이 우주 공간에 수없이 존재한다고 볼 수는 없다. 말하는 오리와 수다스런 토끼를 영화에서는 흔하게 볼 수 있지만, 실제로 시골에서는 그런 것들을 결코 찾을 수 없으니 말이다.

우리는 고대 그리스인들이 살았던 때로부터 2,000년이나 지난 시기에 살고 있다. 그럼에도 불구하고 우주상에서 우리가 유일무이한 존재인가에 대해 내릴 수 있는 해답은 그들 수준에서 별반 나아진 것이 없다. 그러나 만약 우리가 진실을 알게 된다

[*] 2001년 미국에서 실시된 갤럽 조사에 따르면 71퍼센트의 사람들이 미국 정부가 외계인 방문에 대한 증거를 은폐하고 있다고 믿는 것으로 나타났다.

면, 그것은 굉장히 중요한 사건이 될 것이다. 예를 들어, 만약 우리은하가 진보한 사회가 모여 있는 곳임을 알게 된다면, 그 사실은 최소한 우리에게 만물의 조화에서 우리가 얼마나 중요한 의미를 띤 존재인지에 대해서 생각하게 해준다. 그리고 이는 우리가 선진 문명으로부터 훌륭한 것을 배울 수 있다는 가능성을 말해주는 동시에, 우리가 훨씬 더 발전적인 미래로 도약할 수 있다는 뜻이기도 하다. 반면 지구가 사고 능력을 지닌 존재가 살아갈 수 있는 유일한 세계임이 증명된다면, 그때부터 우리는 우주의 미래가 순전히 우리 손에 달려 있다는 움찔할 만한 사실에 직면하게 될 것이다.

따라서 우리는 외계인에 대한 질문이 단순히 친목모임에서나 나올 법한 화젯거리 이상의 의미를 지닌 것임을 알아야 한다. 물론 지금까지도 이 질문은 단순한 이야깃거리 이상의 의미를 항상 지니고 있었다. 하지만 21세기가 제2의 변화를 겪고 있는 오늘날에는 이러한 논의에 있어서 분명히 달라진 점이 있다. 이제 이러한 질문에 대한 답은 누군가의 '의견'이 아니라 '관찰'에 의해서 나온다는 것이다. 고대 그리스인이나 중세 유럽인들과는 달리, 나아가 빅토리아 시대의 뛰어난 과학자들과는 달리, 오늘날 우리는 실제로 외계인의 존재를 증명할 수 있는 지식과 기술을 갖추고 있다. 우리가 외계인에 대한 존재를 증명하는 데 성공할 것이라거나, 시도만 하면 그런 일이 곧바로 일어날 것이라는 이야기는 아니다. 다만 성공 가능성이 있다는 뜻이다.

우주, 인류의 마지막 탐험지

지구 저 너머의 지적 생명체^{intelligent life}에 대한 탐사는 우리의 관심을 별들에게로 돌리게 해줄 것이다. 그렇지만 우리가 그 귀찮은 일을 실행할 정도로 가치 있는 별은 어느 것일까? 끝도 없이 펼쳐진 우주라는 사막에서 '알맞은 행성', 즉 사고 가능한 존재가 번성할 수 있는 오아시스

와도 같은 희망적인 곳은 어디일까? 우리는 지구에서의 삶이 고단하다는 것을
알고 있다. 지구에서의 삶은 고름을 짜내는 것보다 더 가혹한 상황을 견뎌내는
것이다. 하지만 좀더 보편적인 범주에서 생명에 제약을 가하는 조건들은 무엇
일까?

저 너머에 외계인이 존재한다고 가정해보자. 그들은 어떤 모습을 하고
있을까? 아몬드 모양의 눈에, 머리카락이 전혀 없는 회색의 작은 형상을 하고
있을까? 아니면 1,000개쯤 되는 다리에다 쥐보다도 조그만 모습을 하고 있을
까? 아니면 지구상의 지성체들을 보잘것없는 존재로 만들어버릴 정도로 고도
로 발달된 컴퓨터 같은 영원불멸의 순수 인공 산물일까?

우리는 이런 질문들에 대한 해답을 구하려는 노력의 하나인 '사고 능력
을 가진 외계인에 대한 실제 탐사', 즉 외계 지성체 탐사를 실행하는 세티^{SETI}
프로젝트에 대해서도 이야기할 것이다. 이런 탐사가 과연 성공할 수 있을까,
또 만약 성공한다면 그 시기는 언제쯤일까? 몇몇 사람들이 지구상에 외계인이

» 인류의 고향이자 현재 우리가 살아갈 수 있는 유일한 곳, 지구. 그러나 과연 지구는 특별한 행성인가?

존재한다는 증거로 제시하는 UFO와 특이한 현상들은 또 어떻게 설명할 것인가? 마지막으로, 우리가 '외계인 조^{Jo Alien}[1]'를 찾을 수 있을까? 외계인 조와의 만남은 우리에게 어떤 의미를 던지는가?

이 책은 흥미진진한 모험 그 자체이다. 다시 말해 우리가 이 우주에서 유일하게 존재하는 외로운 존재인가 아닌가를 알아보고자 하는 진지한 시도인 것이다. 수천 년 동안, 인간은 새로운 장소와 이질적인 문화를 끊임없이 탐험해왔다. 이제 우리는 마지막으로 별들의 세계를 탐험하고 있는 것이다.

[1] 외계인의 이름 '조'는 저자들이 임의로 붙인 명칭이다.

CHAPTER 1

생명체는 어떤 곳에 거주하는가?

우주 어딘가에 생명체가 존재한다는 주장이 설득력을 갖는 가장 큰 이유는 지구가 특별하지 않다는 데 있다.

물론 당신과 당신이 알고 있는 사람들, 심지어 당신이 가는 곳은 어떤 곳이든 특별하다. 그러나 여기서 이야기하는 것은 그런 의미가 아니다. 외계인이 먼 우주에 존재할 수 있는가 없는가를 논의할 때, 우리는 먼저 우리가 지금 살고 있는 이 행성이 특별한가 그렇지 않은가를 자문해볼 필요가 있다. 지구가 특이한 물질로 구성되어 있는가? 지구는 우주에서 가장 적당한 곳에 위치했는가? 이미 알려진 대로 대부분의 천문학자들은 이 질문에 대해 "아니다"라고 대답하고 있다.

당신의 뇌가 아연실색할 정도로 우주가 매우 거대하다고 가정할 때, 이러한 확신은 당신에게 놀라움을 줄지도 모른다. 하지만 망원경을 통해 볼 수 있는 가장 먼 천체가 당신이 사는 곳에 있는 것과 유사한 종류의 물질로 만들어져 있다는 사실을 우리는 확신한다. 무엇 때문에 이런 확신을 갖게 되었는지를 설명하기 전에, 우선은 우주에서 우리가 보다 친밀하게 느끼는 천체들인 항성과 행성, 그리고 은하에 대해 간략하게 설명하고자 한다.

모든 별은 똑같은 물질로 만들어졌다

누구나 항성과 행성의 차이점을 잘 알고 있을 것이다. 태양과 마찬가지로 항성은 엄청나게 높은 온도와 압력으로 인해 그 내부가 폭발할 정도의 고온 가스로 이뤄진 구체球體이다. 이 때문에 항성의 중심핵은 수소 폭탄 내에서 일어나는 것과 유사한 연속적인 핵 반응을 겪게 된다. 이러한 핵 반응은 항성이 스스로 빛을 낼 수 있도록 에너지를 생성시킨다.

행성은 항성 주위의 궤도를 따라 공전하며, 항성보다 작고 차가운 천체로 알려져 있는데 제 스스로는 빛을 내지 못한다. 초등학생조차도 태양계의 9개 행성을 알고 있으며, 특히 맨눈으로도 볼 수 있을 정도로 좀더 가까이 있는 5개의 행성(수성, 금성, 화성, 목성, 토성)에 대해서는 더 잘 알고 있다. 이들 차가운 행성들(과 각각의 위성들)은 태양이 만들어지고 남은 '찌꺼기' 물질로 이루어져 있다. 불과 얼마 전까지만 해도 우리가 알고 있는 행성들은 태양계 내에 존재하는 것이 전부였다. 하지만 오늘날의 천문학자들은 태양 이외의 다른 항성 주변에도 이와 비슷한 행성들이 있다는 사실을 밝혀내고 있다.

그뿐 아니라 생성된 지 얼마 안 된 무수히 많은 행성들은 처음 생성될 때 함께 생겨난 물질로 보이는, 더러운 먼지 원반에 둘러싸인 것처럼 보인다. 이러한 모습은 외계 생명체의 존재 가능성을 잘 나타내준다. 왜냐하면 생물은 아주 뜨거운 항성이 아닌, 서늘하고 습한 행성에서 발생할 가능성이 훨씬 높기 때문이다.

도시든 시골이든, 당신이 눈부신 가로등이 있는 곳에서 살지만 않는다면 맑고 어두운 밤에 맨눈으로 수백 개의 항성을 볼 수 있다. 쌍안경이나 작은 망원경을 사용하면 수천 개까지도 볼 수 있다. 사실 아주 먼 거리에서도 이들을 볼 수 있다는 것은 그 항성들이 '은하'라고 불리는 커다랗고 편평한 나선형 구조 속에 늘어서 있기 때문이다. 우리은하 내의 별의 수는 수천억 개로, 덤프

✳ 포도송이만큼이나 작았던 우주

우주는 약 140억 년 전에 일어난 빅뱅(대폭발)과 함께 시작되었다. 대부분의 사람들이 이 사실을 알고 있으며, 이들 가운데 상당수의 사람들은 거대한 암흑의 진공 상태에서 무슨 일이 생겨나기를 오랫동안 기다리다가 갑작스런 섬광과 함께 엄청난 폭발이 일어난 것이 빅뱅이라고 상상한다.

그런데 사실 빅뱅은 커다란 진공 공간에서 발생한 것이 아니다. 폭발이 일어나기 전에는 '공간' 자체도 존재하지 않았다. 빅뱅은 한곳에서만이 아니라 모든 곳에서 한꺼번에 일어났다. 여기서 말하는 '모든 곳'의 크기는 처음에는 그리 크지 않았다. 대폭발 직후(대폭발 후 0.0000000000000000000000000000001초)의 우주 전체는 대략 포도 한 송이 크기였다. 그러나 달걀 하나를 삶을 정도의 시간인 단 3분 만에 우주는 급격히 커졌고, 우주를 구성할 수 있는 기본 물질들이 모두 만들어졌다.

이때 우리가 우주를 방문했다면, 눈을 멀게 할 정도로 밝은 빛의 바다에서 아주 작고 뜨거운 가스 입자가 매우 빠르게 움직이는 모습을 보았을 것이다. 그 빛은 끊임없이 부딪치면서 산란과 흡수를 반복하기 때문에 멀리까지 나아가지 못한다. 수십만 년 동안 이 상태는 그다지 달라지지 않았다. 하지만 우주가 서서히 차가워지면서 입자들이 서로 뭉쳐 가장 가벼운 원소인 수소와 헬륨 원자를 형성하게 되었다. 원소들이 생겨나자 눈앞을 가로막고 있던 가벼운 입자인 전자들이 사라지면서 빛은 먼 거리를 자유로이 여행할 수 있게 되었다. 즉 지역적인 한계를 벗어나게 된 것이다. 하지만 동시에 우주는 오히려 더 컴컴해졌다.

이후 10억 년 동안 계속된 이 암흑의 세계에서는 수소와 헬륨으로 이뤄진 가스 구름만이 조용히 소용돌이치고 있었다. 그러다가 마침내 가스 구름 중 일부가

» 이 사진은 우주가 생성된 지 얼마 안 되었을 때인 초기 모습을 보여주고 있다. 이 은하 가운데 일부는 이제 막 태어난 것이다.

자체중력에 의해 필연적으로 붕괴되면서 별이 생성되었다. 그러나 이 별들은 우주 전체에 골고루 퍼지는 대신에 방안의 먼지처럼 점점 뭉쳐져서 현재 우리가 '은하'라고 부르는 거대한 군집을 이루었다. 10억 년 동안 계속되던 암흑 상태는 셀 수 없이 많은 별들이 내뿜는 미세한 빛에 의해 산산이 부서져버렸다. 드디어 오늘날 우리가 알고 있는 친근한 우주가 어둠 속에서 얼굴을 드러내기 시작한 것이다.

  세티 과학자들이 직접 들려주는 우주 생명 이야기

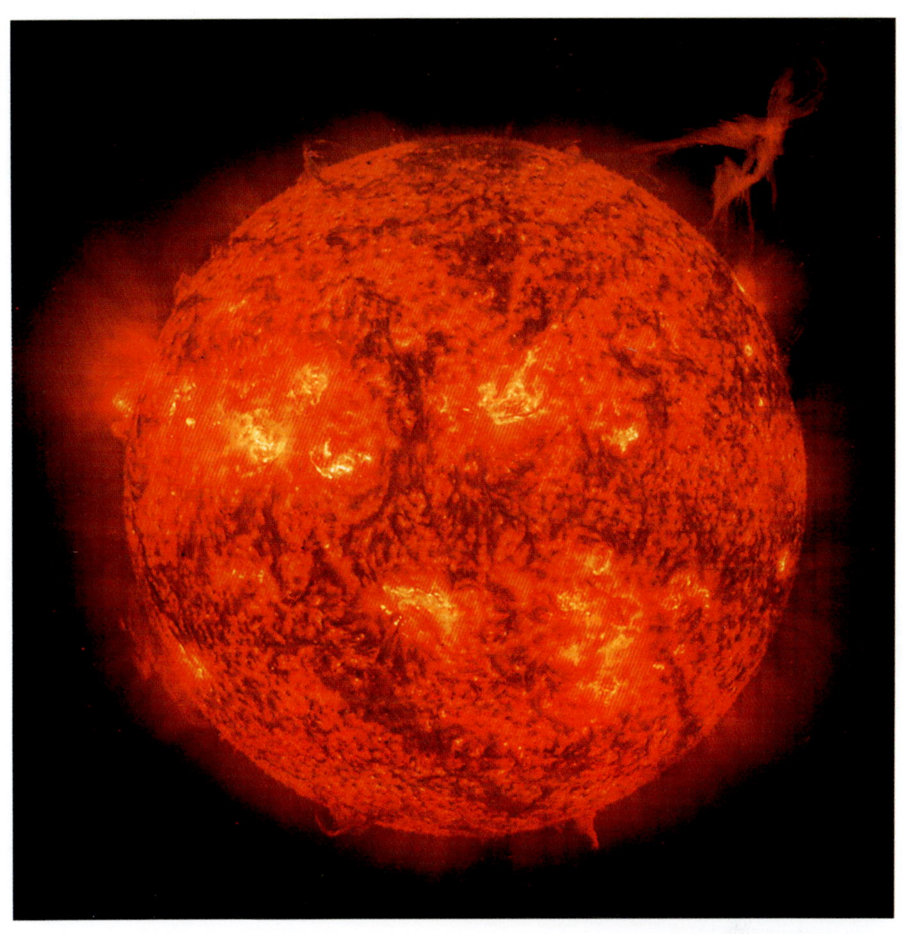

트럭에 가득 채워진 모래알 수만큼일 것이다. 최고 성능의 망원경으로 볼 수 있는 다른 은하만도 수천억 개에 달하며 각 은하에는 각각 비슷한 수의 항성들이 있다. 따라서 우리가 볼 수 있는 전체 항성의 수는, 버스를 기다리는 동안 상대방에게 감동을 주기 위해 쓰는 표현인 '사하라 사막의 모래알 수'와 비슷할 것이다.

　이미 말했듯이 우주에는 수많은 항성이 있으며, 이들은 모두 같은 물질

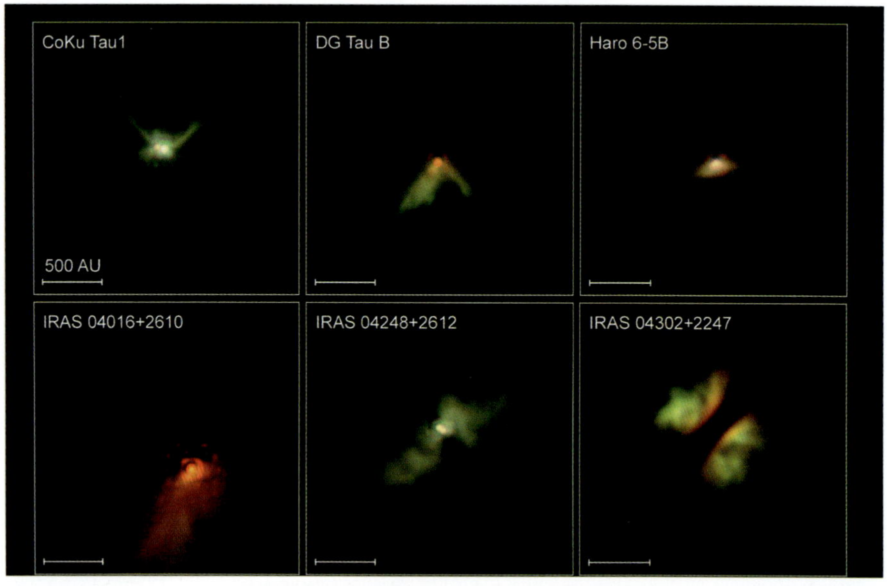

» 생성된 지 얼마 안 된, 우리은하 내의 항성들의 확대 사진으로 먼지 성분의 원반 모습을 보여주고 있다. 이러한 모습은 항성 주변에 행성이 생성되는 경우 공통적으로 나타난다. 사진 아랫부분에 있는 막대(500AU)는 지구와 태양 사이 거리의 500배에 해당하는 거리를 나타낸다.

로 이루어져 있다. 우리는 어떻게 그 사실을 알 수 있었는가? 우리의 우주 비행선이 아주 작지만 소중한 물질들을 가져왔기 때문이다. 좀더 구체적으로 말하면 382킬로그램의 달 암석을 수집해 왔다. 또한 태양계 외곽으로부터 날아온 몇 개의 운석과 아득히 먼 옛날 화성에서 튕겨져나온 몇 개의 암석 덩어리도 가지고 있다. 이 모든 것은 관심을 불러일으키기에 충분하지만, 사실 지구에서 그리 멀지 않은 곳에 있는 천체의 파편들일 뿐이다. 즉 가까운 우주에서 구한 샘플에 불과한 것이다. 아주 멀리 떨어져 있는 항성과 은하의 표본을 얻지는 못했지만 우리는 그 천체들이 어떤 물질로 이루어졌는지 확신할 수 있다. 왜냐하면 그 천체들이 방사하는 빛을 통해 그들이 무엇으로 구성되어 있는지 알 수 있기 때문이다. 항성의 바깥 부분을 형성하고 있는 가스는 항성이 우주 공간으로 내뿜는 빛에 영향을 미친다. 모든 종류의 가스는 빛의 특정 색이나 파장을 흡수한다. 만약 우리가 망원경을 통해서 별빛을 무지개 색으로 분산시켜

놓고 본다면 일부 파장과 특정한 색이 소실되어 있는 것을 볼 수 있다. 마치 바코드에 채색을 한 것과 비슷하게 보이는 것이다. 색이 흡수되어 어두워진 선들은 수소, 헬륨, 칼슘, 철과 같은 특정 화학 원소와 연결지을 수 있으며 이것이 신원을 확인해주는 지문처럼 사용된다.

이와 같은 분석을 가장 먼 은하에 있는 항성의 빛에 적용해보면 우리는 이 항성과 똑같거나 유사한 요소가 우리 자신 혹은 우리가 살고 있는 집, 심지어 화성까지도 구성하고 있음을 알게 될 것이다.

생명체를 탄생시킬 만한 항성들

모든 항성들이 위치에 상관없이 똑같은 물질로 만들어졌다는 것은 매우 놀라운 사실로, 천문학에서 이룬 위대한 업적 가운데 하나이다. 물론 항성마다 그 구성 요소가 약간씩 다를 수 있다는 것은 인정해야 한다.* 덧붙여 우리가 성공적으로 항성의 빛을 분석할 수 있다는 것은, 물리학과 화학의 법칙이 어떤 상황에서든 똑같이 적용될 수 있다는 것을 의미한다. 이는 천만다행이 아닐 수 없다. '인류가 다른 은하로 이주할 수 있을까' 하는 문제로 우리가 다시 고민할 필요가 없다는 걸 말해주기 때문이다. 또한 그것은, 우주의 이쪽 편에서 일어난 일이라면(예컨대 지적 생명체의 발달이 이루어졌다면) 우주의 어느 곳에서든 일어날 수 있는 일이라는 것을 암시해준다.

뭐, 모든 곳에서 일어날 수 있는 일이 아니라고 해도 괜찮다. 우리가 파악하고 있는, 우주의 10,000,000,000,000,000,000,000개 항성 모두가 생명체를 생성시키기에 아주 적합한 서식지는 아닐 수 있으니까 말이다. 항성의 크기는 매우 다양한데,

> * 19세기 중반 프랑스 철학자 콩트$^{Auguste\ Comte}$는 항성이 너무 멀리 떨어져 있다고 가정하면 항성이 무엇으로 구성되었는지를 우리가 전혀 알 수 없다는 식으로 글을 썼다. 항성의 구성 성분에 대한 증명은 콩트가 죽은 지 몇 년 지나지 않아서 이루어졌다. 독일 물리학자 키르히호프$^{Gustav\ Kirchoff}$와 분젠$^{Robert\ Bunsen}$은 빛을 분석할 수 있는 분광기를 개발해서 그 유명한 철학자의 주장이 틀렸음을 증명하였다.

항성의 크기가 크다고 해서 생명체가 생성되는 데 더 적합한 곳이라고는 볼 수 없다. 밤하늘에서 쉽게 찾아볼 수 있는 아크투루스[1], 베텔기우스[2], 카노푸스[3]를 비롯한, 수많은 밝은 항성들은 모두 거대하다. 이 항성들은 모두 지름이 150만 킬로미터에 달하는데, 태양보다 몇 배나 크고 수천 배는 밝다.

이들 큰 별들이 밝다는 것이야 물론 좋은 일이지만, 한편으로는 작은 별들보다 핵연료를 더 빨리 소모시킨다는 단점도 있다. 물론 큰 항성일수록 핵연료 또한 더 많이 갖고 있긴 하다. 그러나 그것은 자신의 엄청난 에너지 사용량을 겨우겨우 충당할 수 있는 정도이다. 대개의 큰 항성

[1] Arcturus : 목동자리에서 가장 밝은 별.
[2] Betelgeuse : 오리온자리에서 가장 밝은 별.
[3] Canopus : 용골자리에서 가장 밝은 별.

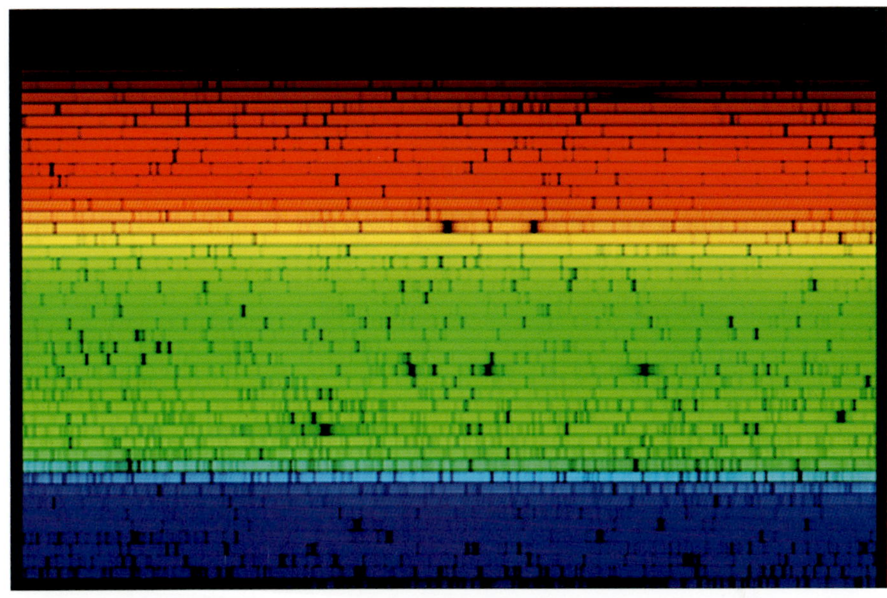

들은 수천만 년 동안 스스로 연료를 공급하면서 진화한다. 그러다가 마지막에는 강력한 폭발을 일으켜 자신의 모든 것을 방출하면서 운명한다. 이런 현상을 '초신성supernova 폭발'이라고 한다. 이 별은 매우 빛나는 삶을 살지만, 그것은 한순간에 끝나버린다.

그렇다면 이것이 왜 생명체의 출현과 관련하여 이슈가 되는 것일까? 우리는 생물이 생성되기까지 수억 년의 세월이 필요하다고 믿고 있다. 그렇다면 외계 생명체가 생겨나기 위해서도 이 정도의 시간은 필요할 것이다. 그런데 큰 항성이 운명을 다하기까지의 그 짧은 시간에 과연 복합 생명체complex life가 그 주변 행성에서 완전히 발달할 수 있을까? 결국 우리는 거대한 항성 주변에서는 외계인을 찾지 못할 것이다.

다행히 이 문제는 그리 중요한 것이 아니다. 맨눈으로 볼 수 있는 거의 모든 항성들이 거대한 것은 사실이다. 그런데 이처럼 무거운 별들이 눈에 잘 띄는 이유는 그 수가 많아서가 아니라 아주 밝기 때문이다. 만약 우리가 모든

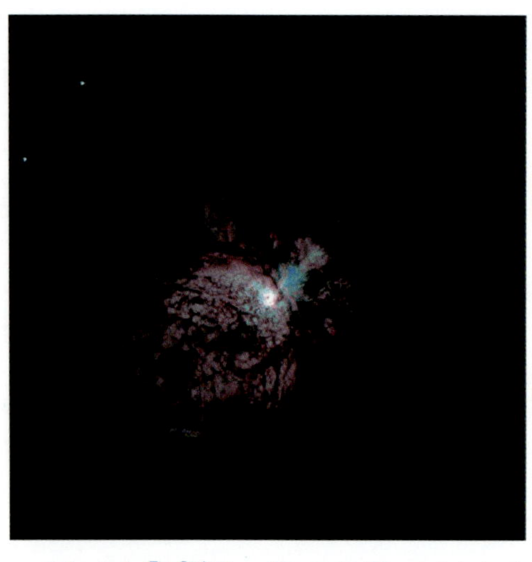

항성들에 대해 정밀조사를 해본다면, 100개의 항성 가운데 단 하나만 이처럼 무겁다는 사실을 알게 될 것이다. 더구나 나머지 항성 10개 중 1개만이 태양과 버금가는 크기이고, 그 나머지 9개는 크기가 매우 작은 왜성矮星들이다.

그렇다면 지극히 평범하고 크기도 작은 이러한 항성들이 생명체의 숙주가 될 수 있을까? 이 질문에 대답하기 위해서는 우리가 기존에 알고 있던 생명체에 대한 사실들을 재빨리 살펴볼 필요가 있다. 다른 행성은 차치하더라도 지구에 어떻게 해서 생물이 생겨났는지조차 우리는 자세히 알고 있지 못하다. 다만 우리는 생명의 필수 요소 가운데 가장 중요한 성분은 '액체 상태의 물liquid water' 이라고 알고 있다.

여기서 물이란 무더운 날 시원하게 마시는 음료 이상의 의미를 갖고 있다. 단도직입적으로 말하자면 생명은 곧 화학이다. 화학은 다양한 혼합물 사이의 반응에 의해 구성된다. 만약 유기물이 액체 내에서 떠다닌다면(마치 살아 있는 세포 내에서 발생하는 것처럼) 그들은 보다 쉽게 만나서 반응할 수 있다. 반면 수분을 전혀 함유하지 않은 세포는, 파티장에서 밤새도록 강제로 의자에 붙박혀 있는 사람 같을 것이다. 즉, 사회적 접촉에 제한을 받게 된다.

액체는 상호 반응을 촉진시키는 일 외에도 세포에 영양분을 공급하거나 배설물을 옮기는 데에도 매우 유용하다. 다시 말해 유동성은 세포가 제 기능을 다하는 데, 그리고 생명체의 분자들이 최초로 결합하는 데에도 반드시 필요한 것이다.

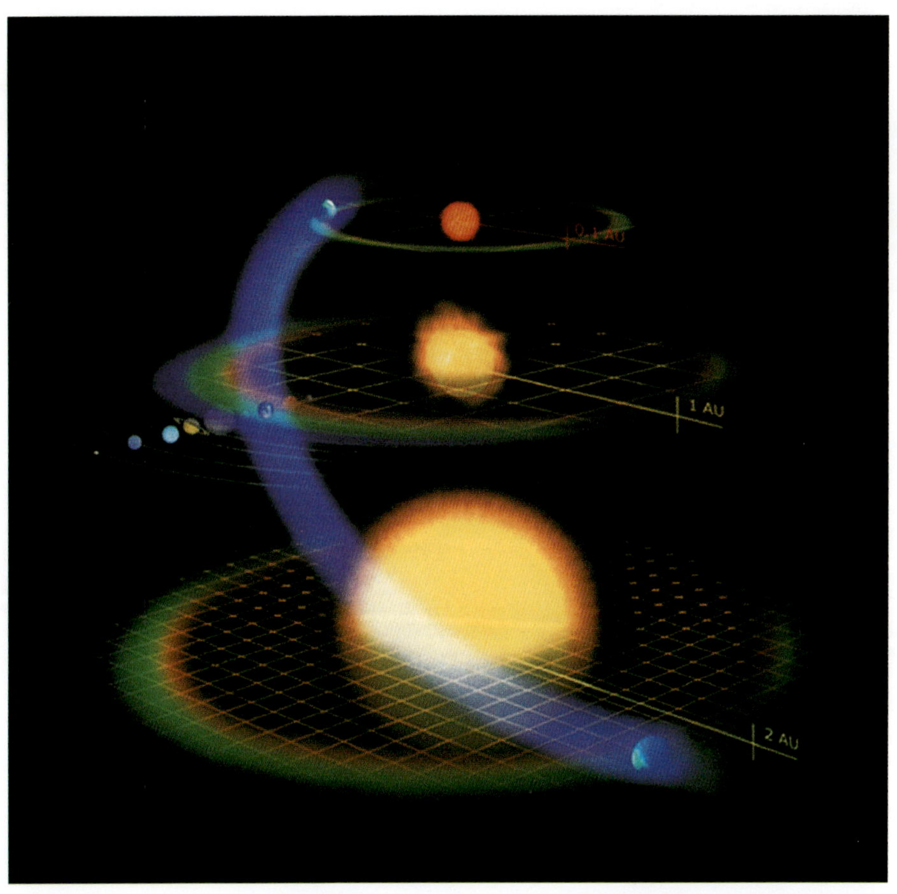

» 항성 주위의 '거주 가능 구역'의 위치는 항성의 유형에 따라 다르다.

그런데 그 유동성은 반드시 물에 의해서만 생겨나는 것인가? 물이 아닌 다른 액체가 생명체의 화학 작용을 증진시킬 수도 있을 것이다. 그러나 실제로 따져보면 물만큼 편리하고 풍부한 것은 없을 듯하다(물 이외에 지구상에서 흔하고 자연적으로 발생하는 액체를 떠올릴 수 있는가?) 특수한 분자 구조를 가진 물은 화학 원소를 분해하여 상호 반응을 일으키는 데 매우 유용하고 탁월한 용매이다. 또 한 물은 얼음 상태가 되면 밀도가 줄어드는 대단히 특이한 성질을 갖고 있다. 다시 말해 얼음은 물에 뜬다는 것이다. 만약 그렇지 않다면 생명체가 존재하

» 항성에서 지나치게 멀리 떨어져 있거나 열을 유지할 만큼의 대기를 갖고 있지 못한 행성은 생명체
가 발생하기에는 너무나 추울 것이다.

» 항성에 지나치게 가까이 있거나 담요처럼 두꺼운 대기로 덮여 있는 행성은 너무 뜨거워서 생명체
가 생존할 수 없을 것이다.

던 호수나 바다는 겨울이면 불모지가 되어버릴 것이다. 왜냐하면 호수나 바다 전체가 고체로 변하거나 죽어갈 때까지 얼어붙은 물은 바닥으로 가라앉고 표면의 물은 점차 결빙되어 결국에는 바닥까지 얼어붙게 될 것이기 때문이다.

천문학자들은 액체 상태의 물이 생명체에 필수불가결한 성분이라는 사실에 기꺼이 동의한다. 온도가 항상 물의 빙점 이하인 행성에서 생명체를 기대하기란 어렵다. 만약 이러한 행성을 다수 갖고 있는 우리 태양계가 우주의 보편적인 모습이라면, 이러한 상황은 다른 항성계에서도 마찬가지일 것이다. 실제로 다수의 행성들이 생명체가 존재할 수 없는 영구적인 빙하 상태에 처해 있다.

반대로 자신들의 태양에 너무 가까이 있어서 표면 온도가 끓는 점 이상인 행성도 부지기수일 것이다. 이처럼 끔찍한 환경이 겉보기에는 매우 드라마틱한 것처럼 보일 수 있다. 그러나 이런 곳에서는 생명체 자체가 발생하지도 않거니와 생기더라도 살 수가 없다. 더구나 이런 곳은 바다가 금세 끓어서 증발해버릴 뿐만 아니라 고온으로 인해 모든 생명체의 복합 분자들도 순식간에 파괴될 것이다.

너무 뜨겁거나 차가운 행성들은 지구 저 너머에 생물이 존재할 것이라고 기대하는 사람들로부터 그리 많은 관심을 끌어내지 못할 것이다. 대신 관련 연구자들은 먹기에 가장 알맞은 온도의 죽을 찾으려 했던 골디락스[4]처럼 '가장 적당한' 액체 상태의 물이 존재하는 세계를 고대하고 있다. 그래서 물의 존재 가능성이 적은 별들은 배제하는 것이다.

왜성들이, 지적 생명체가 살 수 있게 해주는 태양보다 작다는 사실은 논점이 아니다. 우리가 정말로 다루어야 할 논점은 이 왜성들이 훨씬 어둡다는 사실이다. 그들은 태양이 생성하는 에너지의 극소량만을 내

[4] 미국 동화 《골디락스와 곰 세 마리 Goldilocks and the Three Bears》에서 여주인공으로 나오는 소녀 골디락스는 숲 속 곰들이 요리한 '뜨거운 스프', '차갑게 굳어버린 스프', '알맞은 온도의 스프'를 차례로 맛본다. 경제학에서 고성장, 저실업, 저물가의 이상적인 경제 균형 상태를 가리키는 말인 '골디락스 경제 Goldilocks Economy'도 이 동화에서 유래되었다.

뿜는데, 이는 생명체의 고향이 될 가능성이 그만큼 적어진다는 뜻이다. 다음과 같이 생각해보자. 우리의 태양계 안에서 금성보다 먼 거리, 화성보다 가까운 거리에서 궤도를 돌고 있는 행성인 지구가 골디락스의 시험에 응시한다면 어떤 결과가 나올까? 표면에 액체 상태의 물을 가진 지구는 분명 이 시험에서 합격점을 받을 것이다. 이러한 행성은 물이 얼지 않을 정도로 충분한 햇빛을 받지만, 햇빛에 의해 끓어서 증발되지는 않는다. 덕분에 우리 태양계는 '거주 가능 구역'을 갖게 되었다. 태양 둘레의 도넛 모양의 공간은 행성을 너무 차갑지도 뜨겁지도 않게 하여, 그 행성이 액체 상태의 물을 갖게 해준다. 그 공간의 두께는 약 1억 킬로미터 정도이다.

그러나 희미한 빛을 내는 왜성은 크기가 겨우 태양의 1퍼센트 정도밖에 안 되기 때문에 도넛 공간은 1,000만 킬로미터 너비 정도로 더욱더 작아지고 얇아질 것이다. 무작위로 뽑은 어떤 행성이 왜성의 '거주 가능 구역' 내에 있을 확률은 태양과 같은 항성 주변에 거주 가능한 행성이 존재할 확률의 거의 10분의 1 정도에 불과하다. 이것은 정말로 나쁜 소식이다. 그러나 좋은 소식도 있다. 이러한 왜성들에서 '외계인 조'가 살 만한 거주 가능 구역을 발견하기는 힘들지 몰라도, 우리 주변에는 이러한 보잘것없는 왜성들이 수도 없이 많다는 것이다. 적어도 그들 가운데 일부는 거주 가능한 세계를 갖고 있을 확률적인 가능성이 있으므로 우리는 별들의 고향으로서 가치를 지닌 이 모든 왜성들을 배제할 필요가 없다.

결론은 오히려 간단하다. 태양과 같은 항성이 지적 생명체가 거주할 만한 행성을 만들어주는 최상의 대상으로 여겨질 수 있겠지만, 원칙적으로는 압도적으로 많은, 태양 이외의 다른 항성들이 생명체를 가진 어떤 세계를 향해 빛을 내뿜고 있을지도 모를 일이라는 것이다.

생명체가 존재할 만한 행성들

'거주 가능 구역' 내에 행성을 가진 바람직한 항성은 위대하다. 그러나 그것만으로는 충분하지 않다. 얼마나 많은 행성이 실제로 액체 상태의 물을 지니고 있을까? 우선 우리의 태양계부터 살펴보면, 그러한 행성이 극소수임을 알 수 있다. 행성에는 두 가지 종류가 있는데, 암석으로 이루어진 작은 행성과 가스로 이루어진 큰 행성이 그것이다. 우리는 암석으로 이루어진 행성에 살고 있으며 수성과 금성, 화성과 명왕성도 여기에 해당된다. 목성을 비롯한 태양계의 다른 행성들은 거대한 가스로 이루어져 있다. 이러한 행성들은 메탄과 암모니아로 가득 찬 두터운 대기를 갖고 있을 뿐 생명체가 기반을 잡을 수 있는 단단한 고체 표면이 전혀 없다. 태양 이외의 다른 항성 주위를 돌고 있는 행성들 또한 이 두 가지 범주에 속할 것이라고 생각되며, 이를 뒷받침할 만한 상당한 근거도 있다. 한편 크기가 작으면서 고체 암석으로 이루어진 다른 외계 행성들은 대기나 바다를 갖고 있지 않다. 또한 우리가 살고 있는 행성인 지구처럼 생명체의 발달을 촉진시키는 여타의 특징들이 전혀 없다. 따라서 이 행성들은 단지 암석으로 이루어진 불모의 구체에 불과하다. 그렇지만 그 행성들 가운데 일부는 뜻밖에 지구와 매우 유사할 수도 있다.

그렇다면 그 많은 행성들 가운데 이러한 행성은 얼마나 될까? 이미 알

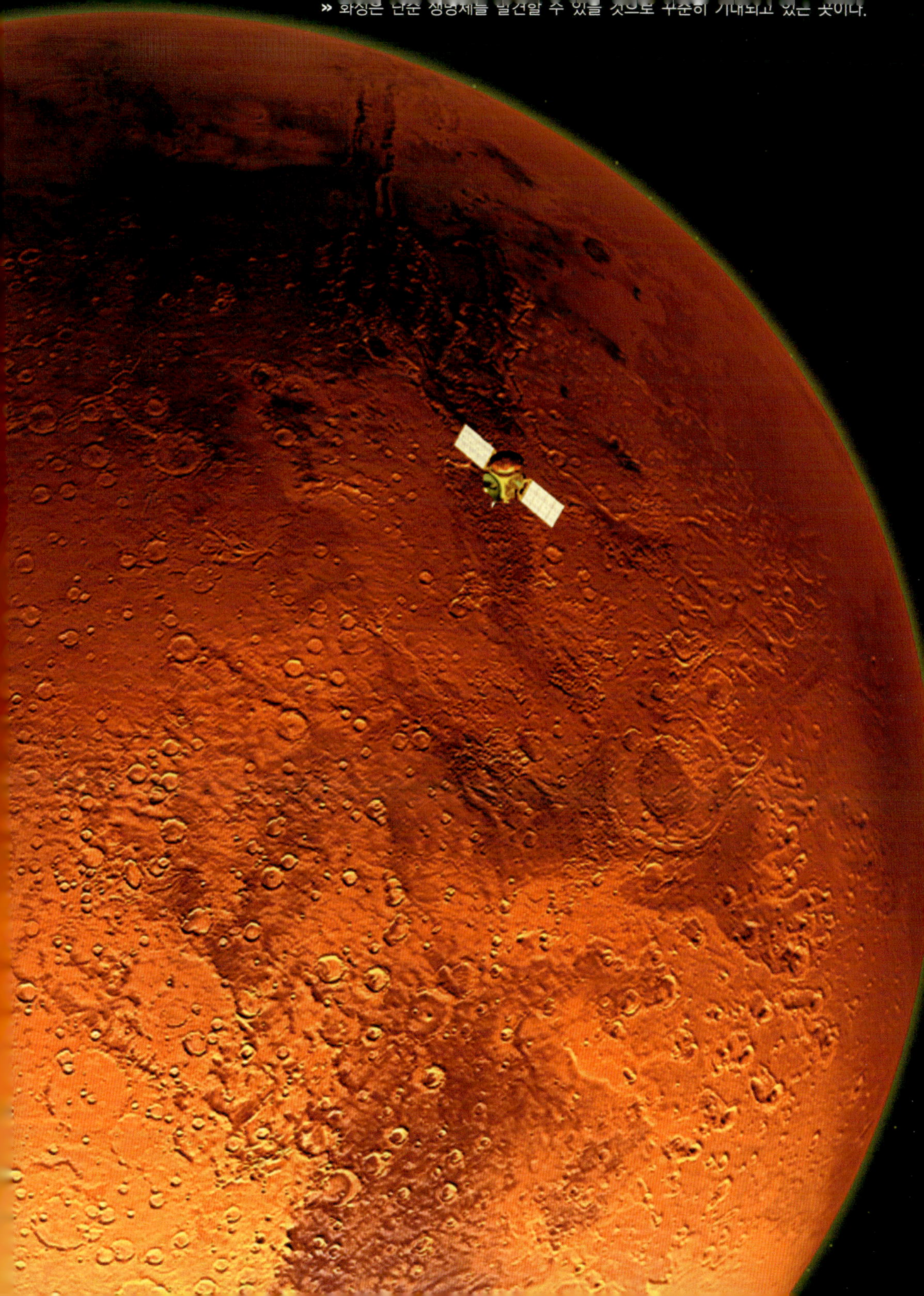

» 화성은 단순 생명체를 발견할 수 있을 것으로 수준이 기대되고 있는 곳이다.

다시피 우리 태양계에서도 암석으로 이루어진 5개의 행성 가운데 3개는 황량하고 메말라 있다. 수성은 공기도, 생명체를 잉태할 수 있는 바다를 형성할 액체 상태의 물도 전혀 없다. 이는 달과 같이 생명체에게 아주 매력적인 장소인 듯 보이는 곳도 실상은 그 반대라는 의미이다. 금성은 지구의 대기층 가운데 가장 두꺼운 층보다 100배나 두껍고 무거우며 숨막히는 대기로 둘러싸여 있다. 이로 인해 금성은 온실 효과의 영향을 크게 받는다. 태양으로부터 받은 열이 낮 시간의 온도를 섭씨 500도까지 상승시켜 생명체를 고온의 열병에 시달리게 만들 것이다. 이와 반대로 아주 먼 거리에 있는 명왕성은 냉기로 얼어붙어 딱딱하다.

한편 지구에는 생물들이 존재하고 있으며, 화성에도 과거에는 생명체가 존재했으리라 짐작된다. 이 '붉은 행성'은 현재 차가운 공기층이 엷게 덮여 있고 그 표면에는 자연적으로 생겨난, 혹은 빗물에 파인 웅덩이가 있다.

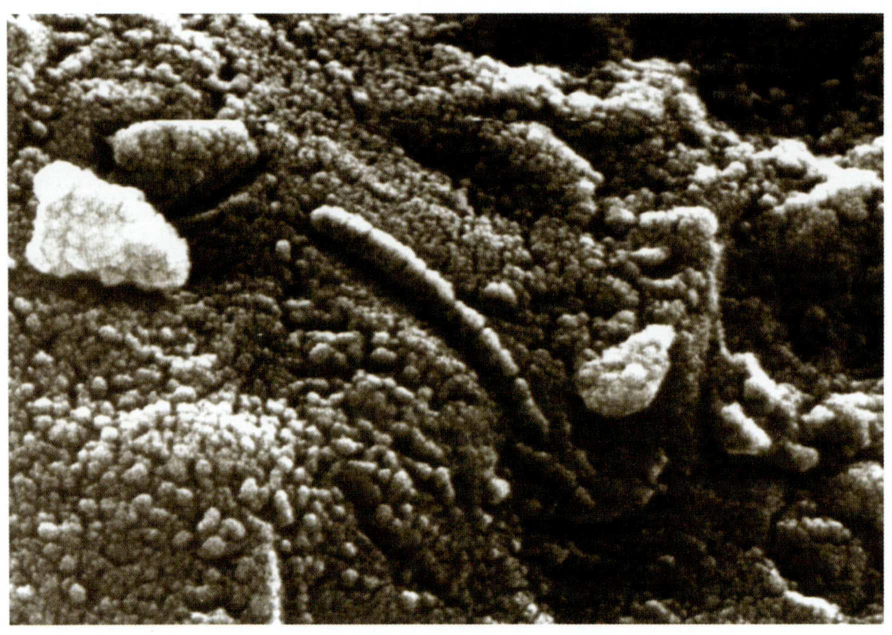

» 작은 관처럼 보이는 이 구조물은 36억 년 전에 화석으로 변해버린 화성 생명체의 흔적일지도 모른다.

하지만 거기에조차 액체 상태의 물은 전혀 존재하지 않기 때문에, 화성은 죽은 행성인 것으로 판단된다.

그러나 화성의 역사를 되짚어보면 초기에는 보다 두꺼운 대기층과 넓은 바다가 있었고 몇 가지 종류의 생명체도 살았을 것으로 추측된다. 1996년 소수의 과학자들은 이 붉은 행성에서 수백만 년 전에 떨어져나온 운석을 발견했다. 그리고 여기에 이미 화석이 된, 미생물 크기의 화성 생명체의 흔적에 대한 증

» 목성의 주 위성들은 얼음 표면 내부에 액체 상태의 바다를 품고 있을 것으로 기대된다.

✱ 단순 생명체를 찾아서 - 토성, 목성, 화성의 탐사

세티의 연구자들은 자신들이 지적 생명체를 발견하고 인식하는 방법을 알고 있다고 생각한다. 그들은 다른 별에서 지구로 전해지는 전파나 깜박이는 레이저 불빛이 자연 현상이 아니라 인공 신호이기 때문에 이것이야말로 기술이 발달된 존재가 있음을 알려주는 분명한 지표라고 확신하고 있다.

한편 별로 지적이지 않은 생명체를 찾는 일은 어떨까? 태양계 내에 있는 몇 개의 행성과 위성이 현재 혹은 과거에 생명체의 거주지였을 것이라고 추측되지만, 그 누구도 이러한 곳들이 지적 생명체의 거주지였을 것이라고는 믿지 않는다. 가까운 세계에 사는 단순 생명체^{simple life}에 대한 예비 조사는 망원경으로 그들을 자세히 들여다보는 것 이상의 노력이 필요하다. 적어도 화성 같은 행성을 연구할 때, 보다 나은 접근 방법은 그 붉은 행성의 바삭바삭하고 차가운 표면을 이루고 있는 암석을 소량이라도 가지고 돌아올 수 있도록, 샘플 확보를 위한 사절단을 파견하는 것이다. 그러나 "살아 있는 것, 아니면 죽은 것이라도 가지고 오겠다"는 목적을 가진 탐사는 앞으로 10여 년 후에나 가능한 이야기이다. 지금으로서는 로봇들을 보내는 것이 비용을 가장 적게 들이는 최선의 방법이다. 이러한 일을 할 수 있는 이동성 로봇에 관해서는 거의 알려져 있지 않은데, 지구와 다른 기후 환경에 거주하는 생명체를 추적하려면 이에 걸맞은 지능도 가지고 있어야 한다는 사실은 두말할 나위가 없다. 이 로봇들은 우리가 알지 못하는 생명체를 찾아 이곳저곳을 여행해야 하므로 유연한 탐사 기술도 갖추고 있어야 한다.

독특한 생명체가 존재할 가능성이 있는 곳은 아마도 토성 근처일 것이다. 2004년 7월에 미국과 유럽이 함께 만든 카시니 탐사선이 바로 그 커다란 고리를 가진 세계에 도착할 것이다.[5] 도착 후 6개월 동안 그 탐사선은 토성과 토성의 위성인 타이탄 사이를 오가면서 1655년에 최초로 달을 목격한 독일 천문학자 호이겐스^{Christiaan Huygens}의 이름을 딴 소형 탐사선을 발사할 것이

---

[5] 카시니 탐사선은 2004년 7월 1일 토성 궤도에 진입했다.

» 카시니–호이겐스 탐사선이 호기심을 자극하는 타이탄의 표면 위를 낙하산으로 낙하하는 모습을 표현한 그림.

다.[6] 과학자들이 몹시 추운 곳이라고 생각하고 있는 타이탄은 천연가스(집을 데우는 데도 이와 같은 성분의 화합물이 사용된다)가 용해된 호수로 인해 얽은 자국이 있다. 약한 햇빛이 대기층에 영향을 미쳐서 타이탄은 다량의 복합적이고 유기적인 화합물로 강화되었다. 이와 같은 물질이 어떡하든 생명체를 이끌어낼 수는 없을까? 따뜻한 날에도 기온이 영하 180도를 맴도는 행성에 생명체가 존재할 수 있을 것이라는 상상은 삼가야겠지만, 우리가 살펴볼 때까지는 그 결과를 알 수 없다.

그 결과는 바로 조랑말 정도의 중량을 지닌 호이겐스 탐사선이 타이탄의 자욱한 대

[6] 호이겐스 탐사선은 카시니 탐사선에서 2004년 12월 25일 분리되어 2005년 1월 14일 토성의 위성인 타이탄에 착륙하였다.

» 화성 탐사 '로버'는 미니카 크기이지만 값은 대단히 비싸다.

기층으로 발사될 때 알게 될 것이다. 호이겐스 탐사선은 24시간 동안 계속해서 낙하한 후에 타이탄의 표면에 착륙할 것이다. 낙하하는 동안 이 탐사선은 타이탄의 대기(지구의 대기보다 약간 더 두꺼운)를 샘플로 모아서 대기의 온도와 성분, 심지어는 풍속에 관한 데이터까지 송신해줄 것이다. 호이겐스 탐사선이 착륙에 성공한다면 배터리가 바닥나기 전에, 즉 30분이 채 안 되는 시간 동안 비밀에 덮인 그 땅을 조사할 것이다. 1995년에 목성의 대기에 떨어뜨렸던 갈릴레오 소형 탐사선과는 달리, 이 로봇 탐사선은 주변 환경 사진을 상세하게 찍을 수 있는 외장형 카메라를 장착하고 있다. 만약 호이겐스 탐사선이 가스가 용해된 호수에 착륙한다면, 낯선 세계에 존재하는 바다에서 일어나는 파도의 크기를 충실하게 보고하면서 주어진 임무를 다할 것이다.

가까이에서 단순 생명체를 찾을 수 있는 가장 매력적인 장소 가운데 하나는 목성의 위성인 유로파일 것이다. 유로파에 서식하는 생명체를 찾겠다는 과학자들

  세티 과학자들이 직접 들려주는 우주 생명 이야기

» 유럽 우주국의 마스 익스프레스 호에서 발사된 비글 2호 착륙선은 생명체를 찾기 위한 장비를 갖추고 있다.

에게 의구심을 던진 것은 그 위성의 바다(바다로 추정하고 있음)를 덮고 있는 10~15킬로미터 두께의 단단한 얼음이다. 어떤 방법을 동원해서라도 단단한 표면을 녹여 구멍을 낼 수 있는 착륙선을 만들기 위해 여러 가지 디자인들이 제안되었지만, 현재까지는 그 얼음 위에 우주선을 보내겠다는 뚜렷한 계획이 잡혀 있지 않은 상태이다. 바다가 존재한다는 사실을 증명하기 위해 레이더를 비롯한 다양한 기술을 활용하고 얼음이 얇을 것이라 확신이 드는 지점을 찾기 위해 궤도를 선회하면서 실시하는 예비 조사용 탐사선 파견이 계획되었지만, 이 탐사선의 발사는 아마도 2009년 이전에는 이루어지지 않을 것으로 보인다.

물론 태양계에서 생명체를 찾을 수 있는 가장 확실한 장소는 화성이다. 2002년 초부터 그 행성을 선회하고 있는 미국 항공우주국(나사^{NASA})의 오딧세이 우주 탐사선은 화성의 여러 곳에서 최소한 깊이가 1미터(이보다 깊게 탐침을 넣어 조사할 수 있는 도구는 없다)에 달하는 물이 존재한다는 사실을 밝혀냈다. 이런 액체 상태의 물이 있는 장소는 대개 생명체가 살기에는 부적합한 영구 동토층이겠지만 그 아래에는 어느 정도 깊이가 되는 액체 상태의 물이 있을 것이고 그렇다면 생명체도 번성할 수 있을 것이다. 2001년에 마스 글로벌 서베이어$^{Mars\ Global\ Surveyor}$ 호는 골짜기의 물이 화성 표면에서 단지 100미터 정도 아래에 숨겨져 있을 것임을 보여주는, 화성 협곡의 스냅 사진을 찍었다.

올해(2003년) 나사는 화성의 썩어가고 있는 땅을 탐사하기 위해 '로버^{rover}'를 두 대 이상 발사할 계획을 세웠다. 한편 영국은 유럽 우주국$^{ESA;European\ Space\ Agency}$의 마스 익스프레스 미션$^{Mars\ Express\ Mission}$의 일환으로 비글 2호$^{Beagle\ 2}$라는 이름의 화성 탐사선을 발사하였다. 비글 2호는 복합 생명체 연구에서 광물을 분석할 수 있는 도구인 대형 분광계가 갑판에 장착되어 있다. 이 탐사선은 여러 가지 화성 광물 덩어리를 퍼올린 후에 그것을 산소와 함께 태울 것이다. 덩어리 안에 들어 있는 특정 유기(탄소를 포함하고 있는) 화합물은 이산화탄소를 형성할 것이다. 그런데 이산화탄소는 복합 생명체 때문에 생겨나는 것일까? 각기 다른 온도에서 샘플 을 태워보면 무생물의 탄소와 생물의 탄소를 구분할 수 있다. 예를 들어 당신의 신체에 있는 대부분의 탄소 화합물은 섭씨 100도에서 타지만, 탄소로만 이루어 진 무생물인 다이아몬드는 더 높은 온도에서 탄다. 이 실험을 통해 크게 두드러 지는 사실은 만약 화성 생명체가 탄소를 주성분으로 하는 유형이라면, 화성의 정확한 화학 구성 성분은 우리에게 그리 중요하지 않게 된다. 비글 2호의 대형 분광계는 그 사실을 밝힐 수 있다.

게다가 비글 2호는 생명체가 표면 가까운 곳 어딘가에 존재한다면, 비록 착륙 지점과 먼 곳에 존재한다 할지라도 틀림없이 행성 주변을 떠다닐 화성의 메탄 가스와 박테리아의 배기 가스를 감지할 수 있을 것이다. 이 로버에는 외장형 카 메라와 현미경까지도 장착될 테니까 말이다.

아직까지는 크기가 작고 비교적 단순한 생명체가 태양계의 위성이나 행성 어딘 가에 숨어 있다는 사실에 대해 그 누구도 확신할 수 없다. 하지만 그렇다 하더 라도 세 번째 행성(지구)에 사는 지적 생명체(인간)는 그것을 추적하기 위한 창 조적인 방법을 생각해내기 위해 최선을 다하고 있다.

거가 담겨 있다고 주장했다. 만약 이 주장이 사실이라면, 아주 깜짝 놀랄 만한 소식이 아닐 수 없다. 왜냐하면 다른 행성에서도 생명체가 발견될 수 있다는 첫 번째 증거이자 실제로 태양계 내에서 우리와 가장 가까운 행성에서 생명체

가 발견될 수 있다는 증거이기 때문이다. 만약 우리가 화성에 한때 생명체가
존재했다는(혹은 여전히 존재하고 있다는) 사실을 증명할 수 있다면, 수많은 외계
행성들에도 생명체가 존재한다는 진실을 보여주는 훌륭한 근거를 갖게 되는
것이다. 그러나 이 사실을 증명해줄 이 화석에 대해서는 논쟁의 여지가 많으
며, 전문가들은 과거 화성에 생명체가 존재했다는 사실을 믿어야 하는가에 대
해서도 여전히 논쟁중이다.

그러나 화성은 우리의 '태양계 이야기'에서 결코 마지막 주인공이 아니다. 우주 탐사를 강력하게 주장했던 천문학자들을 최초로 놀라게 했던 것처럼, 목성의 위성 가운데 몇몇 커다란 위성의 얼어붙은 표면 아래에 소금기가 있는 액체 상태의 거대한 바다가 실제로 있었던 것이다. 수십억 년의 세월이 흘렀지만 이 외딴 곳의 바다에는 생명체가 존재할 가능성이 있다. 하지만 그 생명체가 복합체나 지적 생명체일 것 같지는 않다.

이제 목성 너머를 살펴보자. 토성의 가장 큰 위성인 타이탄은 그 표면에 천연가스가 용해된 호수가 있으리라고 생각할 만한 근거를 가지고 있다. 혹시 타이탄은 어떤 종류의 생명체를 용케 발생시켜, 매우 어둡고 차가운 환경에도 불구하고 잘 번성시키지 않았을까? 밝혀질 듯하면서도 밝혀지지 않는, 태양계 외곽의 위성에 존재할지 모르는 단순 생명체들에 대한 생각은 그동안 우리가 가지고 있던 '거주 가능 구역'이라는 개념을 크게 확장해주었다.

아직까지는 다소 조잡한 생각이지만, 태양 주위에 있는 지구만한 크기의 행성과 위성 들의 3분의 1 정도에는 생명체가 살고 있거나 아니면 과거에 생명체가 살았으리라 추정된다. 그리고 이 가운데 또 5분의 1 정도에서는 지적 생명체가 발달되었으리라고 생각한다. 이러한 생각이 우리를 대표할 만한 것인지는 확신할 수 없지만 만약 이것이 사실이라면 우리은하 안에 있는 '암석으로 이루어진 행성'이라는 공통점을 지닌 수백만 개의 행성에 사고 능력을 가진 외계인이 있으리라고 기대해도 좋을 것이다.

지적 생명체가 출현할 수 있는 장소의 공통점이 '암석으로 이루어진 행성'이라는 사실을 우리는 정말로 알고 있는가? 그렇지는 않다. 그런 작은 행성을 찾아내기가 너무나 어렵기 때문에 모를 수밖에 없는 것이다. 또한 우리는 항성 주변을 도는 그 어떤 행성도 발견하기가 힘들다! 가까운 항성을 향해 망원경을 고정시킨다 하더라도 행성을 볼 수는 없는 것이다. 이러한 작은 세계, 즉 반사되어 흐릿해진 빛에 의해서만 반짝이는 행성은 그들이 공전하고 있는 항성보다 1,000배쯤 더 희미하다. 이러한 작은 행성을 망원경으로 보려고 노력

✳ 지구 크기의 외계 행성을 찾아라

최근 천문학자들은 최소한 태양만한 크기의 항성 중 10퍼센트는 목성만한 크기의 행성을 수반하고 있다는 사실을 알아냈다.

이것은 좋은 소식이다. 그러나 대기층이 매우 두텁고 독성이 가득하며 크기가 거대한 행성이 생명체의 고향일 것 같지는 않다. 성배를 가진 행성은 지구 크기의 행성일 것이고, 그중에서도 대양을 갖고 있는 먼 거리 항성의 '거주 가능 구역'에서 그 성배가 발견될 가능성이 높다는 것도 그리 놀랄 만한 사실은 아니다. 이러한 매혹적인 세계를 탐사하기 위해 몇 개의 우주 프로그램이 곧 시행될 것이다.

그 첫 번째로 나사는 케플러 미션^{Kepler Mission}을 진행중이다. 이것은 '케플러'라는 이름의 새로운 우주 망원경을 우주 공간에 띄우는 계획이다. 케플러 망원경의 전략은 매우 간단한데 바로 별을 관측하는 것이다. 천문학자들이 이미 잘 알고 있는 것처럼, 몇 년에 한 번씩 우리는 수성이나 금성이 태양의 표면을 가로지르는 것을 보게 된다. 천체를 가로지르는 동안 그 행성은 태양이 내뿜는 빛을 차단하게 된다. 그러나 그리 많이 차단하지는 않는다. 여기서 중요한 것은 금성이 보통 약 0.01퍼센트를 차단하고 수성은 금성보다 더 적게 차단한다는 것이다. 중간 크기의 우주 망원경으로 구성된 '케플러'는 태양 이외의 다른 항성 주변에서 그런 통과 현상을 찾아볼 것이다. 차단된 빛의 양과 통과 거리(대개 몇 시간)는 천문학자들에게 크기와 궤도에 대한 실마리를 제공할 것이다.

물론, 통과하는 것을 보려면 두 가

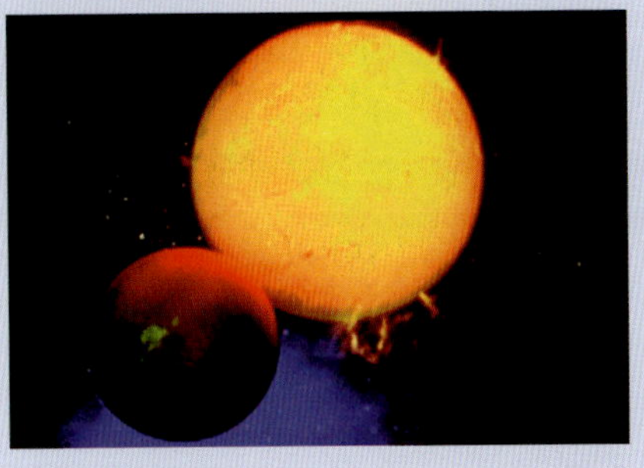

» 태양 이외의 다른 항성 주변에서 발견된 첫 번째 행성이 '페가수스 자리 51번' 별 주위를 공전하고 있다. 목성 크기의 이 행성은 매우 가까운 거리에 있으며 굉장히 따뜻하다.

지 조건부터 만족시켜야 한다. 첫째, 행성의 궤도가 관찰자와 정확하게 일렬로 서야 한다. 둘째, 통과 현상이 일어날 때 항성을 향하도록 하는 데 필요한 망원경이 있어야 한다. 행성 궤도 탐사에 대해 별로 아는 것이 없는 탓에 탐구자들은 수많은 별들을 확보하려고 하고, 4년 내내 별들의 개별 밝기를 모니터할 수 있는 케플러 망원경을 준비하고 있다. 아울러 100만분

의 20이 채 안 되는 밝기 변화를 측정하는 방법도 케플러 망원경에 의해 보다 신중하게 연구될 것이다. 지구상에 설치된 망원경은 격렬하게 움직이는 대기를 뚫고 관찰해야 하기 때문에 이러한 정확한 결과를 낼 수 없다.

2007년 즈음에 발사될 케플러는 지구를 따라 태양 주변을 돌면서 대략 북두칠성 2배 크기의 하늘을 잘 조정된 망원경으로 관측할 것이다. 10만 개의 항성을 관측할 예정인 케플러는 과연 무엇을 발견하게 될까? 현재로서는 여기에 대해 아무것도 알 수 없다. 따라서 케플러가 발견하는 것이 무엇이든 그것은 크게 환영받을 것이다. 만약 지구 크기의 행성들이 많이 있다면, 지구와 비슷한 약 50개의 행성을 발견할 것이다. 케플러는 보다 가깝고 큰 수천 개의 행성을 발견할 수도 있다. 목성 크기의 행성 주변에 있는 많은 위성들은 별빛을 차단함으로써 자신의 존재를 알릴 수도 있다. 그런 세계 모두가 잠재적인 생명체의 거주지인 것이다.

유럽 우주국 또한 행성을 탐사할 가능성이 있는 '에딩턴Eddington'이라는 우주 망원경을 탑재한 관측 탐사선을 2008년에 발사할 예정이다. 에딩턴은 지구와 멀리 떨어진 채 궤도 여행을 할 것이다. 에딩턴은 또한 고감도 빛 검출기도 장착할 예정이다. 에딩턴은 항성이 무엇으로 이루어졌는지를 주로 천문학자들에게 상세

분이 함께 모여서 첫 번째 미생물을 이루는 장소가 되었을 수 있다. 따라서 생명체가 어디서 시작되었지에 대한 시나리오를 쓸 때는 '따뜻하고 작은 연못' 보다 오히려 '뜨겁고 거대한 바다' 를 설정하는 것이 더 적당할 수 있다.

진실이 무엇이든 간에 어떤 점에서 간과되거나 기록되지 않은, 복잡한 분자가 자기 복제를 할 수 있는 상태가 되었다. 그렇게 번식이 이루어지고 나면, 자연선택에 의해서 빨리 복제를 할 수 있고 복제에 성공한 생물이 선택받게 될 것이다. '진화' 라는 노란 벽돌길[1]의 첫걸음을 내딛는 것으로 시작된 이 여행은 미생물, 다세포 생물, 마지막으로 인류에 이르는 기나긴 여정으로 이어질 것이다. 앞에서 분명히 밝혔듯이, 우리는 지구상의 생명체가 물에서 시작되었다고 믿고 있다. 그것이 매우 논리적이고 합당한 것이기에 대부분의 외계 생물의 시작도 이와 마찬가지일 것이라고 생각된다. 물이 과거에 우리의 겉모습과 신체적 능력에 영향을 미친 만큼 외계인의 신체 발달에도 영향을 미쳤을 것이다. 그러나 우리에게 더 시급한 질문은 '수중 생활이 외계인 조의 겉모습을 어떻게 만들었을까?' 보다 그의 존재 이면에 관한 문제, 즉 '외계인이 생존에 필요한 연료를 얻으려면 어디에서 생활해야 할까?' 일 것이다.

[1] yellow brick road : 동화 《오즈의 마법사》에 나오는 말로, 주인공 도로시가 에메랄드 성으로 가면서 겪게 되는 험난하고 고달픈 여정길을 가리킨다.

생명체에 필요한 에너지는 무엇인가?

생명체는 에너지원을 필요로 한다. 이런 사실은 당신이 하루종일 소파에 누워 가끔씩 텔레비전 리모콘이나 누르고 있을 때는 그다지 절실하게 와닿지 않을 것이다. 하지만 당신이 이렇게 에너지를 별로 안 쓰는 상태일 때에도 당신의 신체는 여전히 75와트 전구(비록 밝지는 않지만)와 같은 양의 열을 낸다.

✱ 생명은 어떻게 탄생하는가?

대부분의 생물학자들은 생명을 얻는 첫 번째 단계가 필수 성분을 모으는 것이라는 데 동의한다. 이 성분은 탄소를 포함한 단일 분자들로 구성된다. '스타 트렉Star Trek'의 팬이라면 모두 알고 있을 텐데, 지구상의 생명체는 탄소를 기본으로 하고 있다. 이것은 우연한 일이 아니다. 탄소는 우주에서도 네 번째로 풍부한 원소이다. 따라서 거의 모든 세계가 이 중요한 물질을 많이 가지고 있다. 그러나 탄소가 지니고 있는 진정한 매력은 다른 원소(특히 수소, 산소, 질소)와 쉽게 결합한다는 것이다. 이와 같은 결합은 생명체에 유용한, 다양한 '복합 분자'를 대량 만들어낸다. 다른 원소들은 탄소처럼 쉽게 결합하지 못한다. 따라서 외계 생명체도 탄소를 기본으로 이루어졌을 가능성이 훨씬 높다.

지구상의 생물에게 가장 중요한 분자 구성 단위는 아미노산으로 알려진, 질소를 함유한 작은 화합물이다. 루신leucine, 리신lysine, 발린valine과 같은 여러 가지 다른 이름을 갖는 20가지 아미노산이 지구상의 생명체에서 발견되었다(이것은 아미노산이 될 가능성이 있는 것들에 비하면 매우 적은 수치이다). 아미노산의 고리형 구조는 살아 있는 세포의 필수 성분인 단백질을 구성한다.

탄소는 항성에 의해서 생성된다. 그렇다면 최초의 아미노산은 어디서 생겨났을까? 이 질문의 답을 찾기 위해 1950년대 시카고 대학교의 생화학자 두 사람이 간단한 실험을 했다.[2] 그들은 메탄, 암모니아, 물을 담은 플라스크로 실험실을 가득 채웠다. 이들은 이 물질들이 지구 대기 안의 주요 화합물이라고 생각했다. 그 다음 이 화합물에 일주일 동안 전기 스파크(모의 번개 효과)를 가했다. 그러자 그 플라스크의 내용물은 아미노산을 포함하고 있는, 다량의 유기 분자로 구성된 갈색의 엿으로 변했다. 그들은 번개나 태양 에너지에 의해 일어나는 단순한 화학 작용이 생성된 지 얼마 안 된 지구의 대기에서 아미노산을 만들어낼 수 있다는 결론을 내렸다.

이 결과 오늘날 우리는 40억 년 전의 대기가 메탄과 암모

[2] 1953년 당시 시카고 대학교의 박사 과정 학생이었던 스탠리 밀러Stanley Miller가 미국의 과학 잡지 〈사이언스〉 지에 '생명 탄생' 실험 결과를 발표하였다.

» 초기 지구상의 생명체는 종종 유기물 혼합 용액인 원시 스프^{primordial soup}에서 출현한 것으로 묘사된다.

니아를 일부 포함하고 있지만 대부분은 이산화탄소로 이루어졌다고 믿게 되었다. 그렇지만 시카고 실험은 여전히 다양한 결과를 낳고 있다. 예를 들어 좀더 현실적인 가스 화합물에 에너지가 주입됨으로써 자연스럽게 생명체의 기본 요소가 만들어지는 것이다. 만일 이런 일이 실제로 생성 초기의 지구 대기에 일어났다면 생명체의 구성 요소는 계속 빗물을 따라 바다나 작고 따뜻한 연못으로 흘러들어갔을 것이다.

생물의 필수 분자가 모두 지구상에서 만들어졌다는 가정은 매우 그럴듯해 보인다. 그러나 또 다른 관점도 있다. 유성, 소행성, 혜성도 아미노산을 포함하고 있는데 이는 분명 우주 암석에서 가끔씩 발견되는 액체 상태의 물에서 만들어진다는 것이다. 최근 실험들은 심지어 성간 먼지들 – 항성과 행성이 생성되는 모든 우주 공간에서 발견되는 소량의 얼음 물질 – 이 아미노산을 만드는 화학 작용을 일으킬 수 있다는 것을 보여준다. 여기서 우리는 생명의 기원 물질이 아마도 태양계의 차갑고 어두운, 그리고 깊은 곳에서 발생한 다음 – 우연하게도 – 먼지, 유

성, 혜성, 소행성이 지구에 떨어질 때 함께 떨어진 것 같다고 생각할 수 있다.

이러한 호기심은 그것을 자극하는 어떤 가능성에 의해 점점 확장된다. 즉, 단순히 생명체를 만들어주는 어떤 구성 요소들이 아닌, 생명체 그 자체가 우주 암석을 거쳐 우리에게로 왔으리라는 생각, 그리고 그들이 우리 태양계 주변을 스치듯 질주하는 것이 아니라 다른 항성계에서부터 함께 여행해온 상당한 양의 물질이 우주 암석을 경유하여 용케 우리에게로 왔으리라는 생각을 하게 만드는 것이다.

10만 년, 혹은 그 이상을 여행한 암석이 결과적으로 이제 막 생겨난 지구에 생명체의 씨앗을 퍼트리기 위해 살아 있는 포자를 가득 채운 먼 세계로부터 떨어져나온다는 일이 가능할까? 이것을 뒷받침하는 개념으로 범종설^{panspermia}이라는 아주 매력적인 가설이 있는데 아직은 논쟁의 여지가 많다. 현재 우리는 이 가설을 사실로 바꿔줄 만한 어떤 증거도 갖고 있지 않지만, 그 가능성 자체를 배제할 만한 증거 역시 갖고 있지 않다.

» 목성의 위성 중 가장 안쪽에 있는 '이오'는 태양계에서 화산이 가장 격렬하게 폭발하는 곳이다. 이오는 목성의 중력으로 인한 지속적인 수축과 팽창으로 온기가 유지된다.

그렇다면 생명체에게 필요한 에너지는 어디서 오는 것일까? 이 논의는 생활 유형에 따라 달라질 것이다. 우리는 이미 앞에서 깊은 바다 밑바닥의 분출구에서 나오는 펄펄 끓는 물 주변으로 생명체들이 모인다는 사실을 밝힌 바 있다. 지구의 내부 열에 의해 뜨거워진 그 물은 대륙을 움직이고 폭발시키는 힘을 갖고 있다. 그런데 행성은 어째서 이토록 뜨거워진 것일까? 우선, 지구의 내부는 지구에서 일어난 끊임없는 충돌로 인해 맨처음부터 늘 따뜻한 상태였다. 또한 지구의 중심 핵이 형성되면서 발생한 에너지도 존재하고 있었다. 행성이 뜨겁고 말랑말랑할 때, 보다 무거운 원소(주로 철과 니켈)는 분리되어 중심부로 모이면서 열을 방출하게 된다. 지구도 내부의 방사성 물질이 서서히 자연붕괴되면서 지속적인 열원이 생겨난 것이다. 이러한 모든 열 메커니즘은 다른 행성에서도 일어날 수 있으며 물 속에 사는 생명체에게 에너지를 제공해줄 수 있다.

이것이 전부는 아니다. 조수열은 생명체의 또 다른 칼로리원이 될 수 있다. 이러한 현상은 목성과 그 위성들처럼 여러 개의 위성으로 이루어진 체계에서는 매우 중요한데, 그것이 물을 따뜻하게 유지시키기 때문이다. 목성 주위에서는 4개의 큰 위성이 공전하고 있는데 모두 달과 비슷한 크기이거나 조금 더 크며 자신의 모행성에 바짝 붙어 있다. 모든 근접 위성들, 특히 지구의 위성인 달이 그런 것처럼 목성의 위성들은 한쪽 면을 항상 목성 쪽으로 향한 채 크거나 작은 원형 궤도를 돌면서 자기 자리를 잡고 있기를 원할 것이다. 하지만 불행하게도 이 위성들은 결코 그런 안정된 상태에 도달하지 못할 것이다. 왜냐하면 그들 서로가 서로를 끌어당기고 있고 특히 이들 내부 위성들은 달걀 모양의 궤도를 그리며 끊임없이 움직이고 있기 때문이다.

목성의 강한 중력 작용으로 인해 이 위성들의 궤도는 목성으로부터 가까워졌다가 멀어졌다가 하는 결과를 낳게 되었다. 이런 현상은 지구의 달과 같이 안정된 궤도에 도달할 수 없는 불운한 위성들을 팽창시켰다가 수축시킨다. 이것은 당신이 빵 반죽을 팽창시킬 때 쓰는 방법과 매우 비슷하다. 빵 반죽이 따뜻해지는 것은 팽창에 의한 마찰 때문이며, 이는 목성과 그 위성의 경우에 있어서도 마찬가지이다. 이렇게 생겨난 열은 지표면의 물을 액체 상태로 유지시킨다. 만약 이러한 열이 없었다면 물은 단단한 얼음이 되었을 것이다. 목성의 위성들인 유로파, 가니메데, 칼리스토는 두꺼운 얼음 껍질로 우리의 눈을 속이면서 그 속에 거대하고 깊은 영구 해양을 가지고 있을지도 모른다. 조수의 영향에 의해 발생한 열은 그 바다를 얼어붙지 않게 해줄 뿐만 아니라, 생명체를 발생시키는 에너지원으로서 물이 바다 밑바닥에서 부글부글 끓어오를 수 있게 해줄 것이다.

생명체의 에너지원은 매우 다양하다. 그러나 최소한 지구상의 흥미로운 생물들은 확실하고 풍부한 에너지를 공급해주는 햇빛을 연료로 이용하고 있다. 체온을 따뜻하게 유지시키고 근육을 움직여주며 상상력을 불러일으키는 데 필요한 칼로리는 모두 햇빛에서 나오는 것이다. 이 에너지는 잘 알려져 있다시피 먹이사슬의 첫 번째 고리인 식물의 광합성 과정에서 얻을 수 있다. 녹색식물은 물과 이산화탄소(무기 화합물로서 아주 많이 쓰이고 있다)를 식물 안에 저장시킬 수 있는 포도당 또는 자당, 과당, 녹말 같은 다른 분자로 화학 변화시키는 데 햇빛을 이용한다. 따라서 야채와 과일로 식사를 한다는 것은 단지 어머니를 기쁘게 해드리는 행위일 뿐만 아니라 그 이상의 의미도 지닌다. 즉 녹색식물에 의해 저장된 햇빛의 이점을 취하는 것이다. 만약 당신이 스테이크, 바닷가재, 튀긴 개미처럼 햇빛을 생체 조직의 에너지원으로 삼고 있는 생명체로 식사를 한다 해도 마찬가지일 것이다. 왜냐하면 그들이 그 식물을 섭취했거나

그 식물을 섭취한 다른 동물을 잡아먹었을 것이기 때문이다.

햇빛은 지구 표면의 어느 곳에서든 이용할 수 있기 때문에 최소한 지구의 생물들이 가장 좋아하는 연료가 되었다. 앞에서 이미 말했듯이 생명체는 태양이나, 태양보다 약간 작은 항성 주변의 행성에서 가장 잘 나타날 것 같다. 이러한 행성은 생명체가 광합성이나 이와 비슷한 일을 촉진하는 데 충분한 햇빛을 보장해주기 때문이다. 따라서 식물이나 열매처럼 항성에서 오는 빛을 에너지원으로 하는 생명체로 시작되는 먹이사슬의 형성은 다른 행성에서도 전혀 일어날 수 없는 일이 아니다.

외계인 조, 이렇게 생겼다!

생명체가 발생할 수 있는 환경은 매우 많다. 지구의 경우, 햇빛을 받지 못하는 곳에서도 단순 생명체가 생겨날 수 있는 반면 지적 생명체는 결코 발생할 수 없음을 보여주는 훌륭한 근거들도 있다. 생명체는 대부분 물이 있는 곳에서 기원한다. 그러나 이 사실이 바다를 가진 곳이면 어디에서나 사고가 가능한 복합 생명체, 즉 외계인 조를 탄생시킬 수 있다는 뜻은 아니다. 목성의 위성들에서 볼 수 있듯이, 항성에서 나오는 빛에 의해 행성의 육지와 바다가 노출되더라도 칠흑같이 어둡고 깊은 바닷속 해저 구멍이 두꺼운 얼음에 영구히 덮여 있다면 그곳까지는 이 에너지원이 도달할 수 없다. 만약 얼음으로 뒤덮인 그 위성에 생명체가 살고 있다면, 그들은 충분히 발달하지 못했거나 지적 능력이 부족할 것이다.

'모든 생명체에는 에너지가 필요하다'는 것을 기본 전제로 했을 때, 우리가 지성체를 발견할 가능성이 가장 높은 곳은 바다 표면이 액체 상태여서 식물이나 동물이 둥둥 떠다니며 햇빛의 이점을 이용할 수 있는, 암석으로 이뤄진 행성이다. 이런 곳은 바다가 얼어붙지도, 증발되지도 않을 정도의 알맞은 대기층도 가지고 있다. 대기층은 또한 위험천만한 자외선과 우주로부터 끊임없이 아주 빠른 속도로 날아오는 위협적인 입자로부터 생명체를 보호해준다. 결론부터 말하자면, 지금부터 설명하게 될 근거들 때문에 만약 사고 능력이 있는 복합 생명체인 외계인들이 땅에서 산다면 그들은 보다 발전된 과학기술을 가지고 있을 것이라고 우리는 기대한다.

몇 가지 중요한 사항들을 감안할 때 외계인 조의 행성은 우리 행성과 비슷할 것이다. 이러한 행성에서 생겨난 복합 생명체는 어떠한 종류일까? 그들은 어떻게 생겼을까? 우리는 이런 질문을 제기할 때 으레 동물을 상정하고 생각한다. 왜 그럴까? 그 이유 가운데 하나는 식물은 한자리에 고정되어 있을 가

능성이 높기 때문이다. 이와 반대로 동물은 움직일 수 있다. 만약 당신이 커다란 뇌를 쓰려면 그만큼의 에너지가 필요한데, 이때 움직이는 동물들은 에너지를 좀더 빨리 모을 수 있다는 이점을 갖는다. 예컨대 방울다다기 양배추가 햇빛을 받아 다 자라려면 최소한 몇 주는 걸릴 것이다. 그러나 움직일 수 있는 동물은 양배추 한 포기를 금세 찾아내서 먹을 수 있고, 양배추가 몇 주 동안 공들여 저장한 칼로리를 한순간에 소모할 수도 있다. 즉 동물은 좀더 빨리 에너지를 섭취하고 소비한다. 따라서 (식물 애호가들을 섭섭하게 할 의도는 추호도 없지만) 외계인 조는 아마도 동물군에 속할 것이다(《걷는 식물 트리니티 $^{Day\ of\ the\ Triffids}$》[3]의 애독자에게 사과하는 바이다).

[3] 이 책은 영국 작가 J. 윈덤의 SF 소설로서 유성우가 하늘을 뒤덮은 다음날 그것을 본 대부분의 사람들이 장님이 되고 부득이 그 광경을 보지 못한 극소수의 사람들만이 실명을 면하여 살아간다는 이야기이다. 이 책에 등장하는 '트리니티'는 소련(지금의 러시아)에서 식용유 제조를 위해 재배하던 상상의 식물로서 완전히 성장하면 3개의 다리로 걷고 입자루 끝에 있는 독채찍으로 사람들을 후려쳐 죽인 다음 뿌리로 덮어 거기서 양분을 섭취한다. 여러 나라는 그 식물의 위험성을 알면서도 식량난 해결을 위해 재배하고, 결국 트리니티는 살아남은 자들에게 위협이 된다.

또한 '조'는 육류를 주식으로 하기 위해 다른 동물을 잡아먹는 일에 탐닉할 것이다. 왜냐하면 생명체에 필요한 에너지와 원료를 매우 집약적으로 저장하고 있는 것이 바로 육류이기 때문이다. 만약 그가 장시간 뇌를 사용해야 한다면, 가끔씩 먹는 양배추는 충분한 연료가 되지 못할 것이다. 인간의 뇌가 몸에서 차지하는 비중은 15분의 1에 불과하지만, 소비하는 에너지량은 3분의 1이다. 이러한 사실로 미루어볼 때, 외계인 조의 뇌도 에너지를 무섭게 먹어치우는 돼지일 것이다. 그는 온종일 풀밭에 방목된 소나 양에게서 에너지를 얻을 수 있지만 그걸 먹어치우는 시간은 그리 많이 걸리지 않을 것이다. 또한 몇 분만 투자하면 넉넉하고 단백질이 풍부한 동물을 잡아먹을 수도 있을 것이다. 따라서 조는 최소한 몇 개의 날카로운 이나, 육류를 소비하는 데 필요한 남다른 노하우를 가지고 있을 것이다.

이처럼 외계 동물들은 대체로 우리처럼 비축된 에너지의 힘으로 살아갈 것 같다. 그렇지만 그들이 모두 똑같은 외모를 지녔을 것 같지는 않다. 가까운 동물원만 대충 둘러봐도 동물마다 생김새가 매우 다르다는 것을 알 수 있다. 그럼에도 불구하고 공통적이고 유용한 몇 가지 특징들이 있기에 지구와 유사한 조건을 지닌 행성에서 살아가는 동물들에게서도 그런 점들을 발견하게 될 것이라고 우리는 기대한다.

우선, 환경에 대한 상세한 정보를 주는 햇빛을 풍부하게 이용하기 위해 이들은 최소한 눈을 가지고 있을 것이다. 지구상에 있는 대부분의 복합동물 유형은 눈과 같은 기관을 가지고 있는데, 이것은 매우 유용한 발달이라고 할 수 있다. 벌레처럼 생긴 작은 동물도 피부에 빛을 감지하는 세포가 있다. 아주 작은 곤충이나 바다 생물들도 눈을 가지고 있다(꽤 많은 경우도 있다).

물론 포유동물이나 조류와 같은 척추동물도 카메라와 매우 흡사한 이미지를 만들어내는 렌즈를 가진 복잡한 형태의 눈을 가지고 있다. 눈은 복합동물이라면 모두들 갖고 있기에 외계인 조에게도 눈이 있을 가능성이 매우 높다. 그러나 얼마나 많은 눈을 갖고 있을까? 눈이 하나보다 두 개가 있는 것이 더

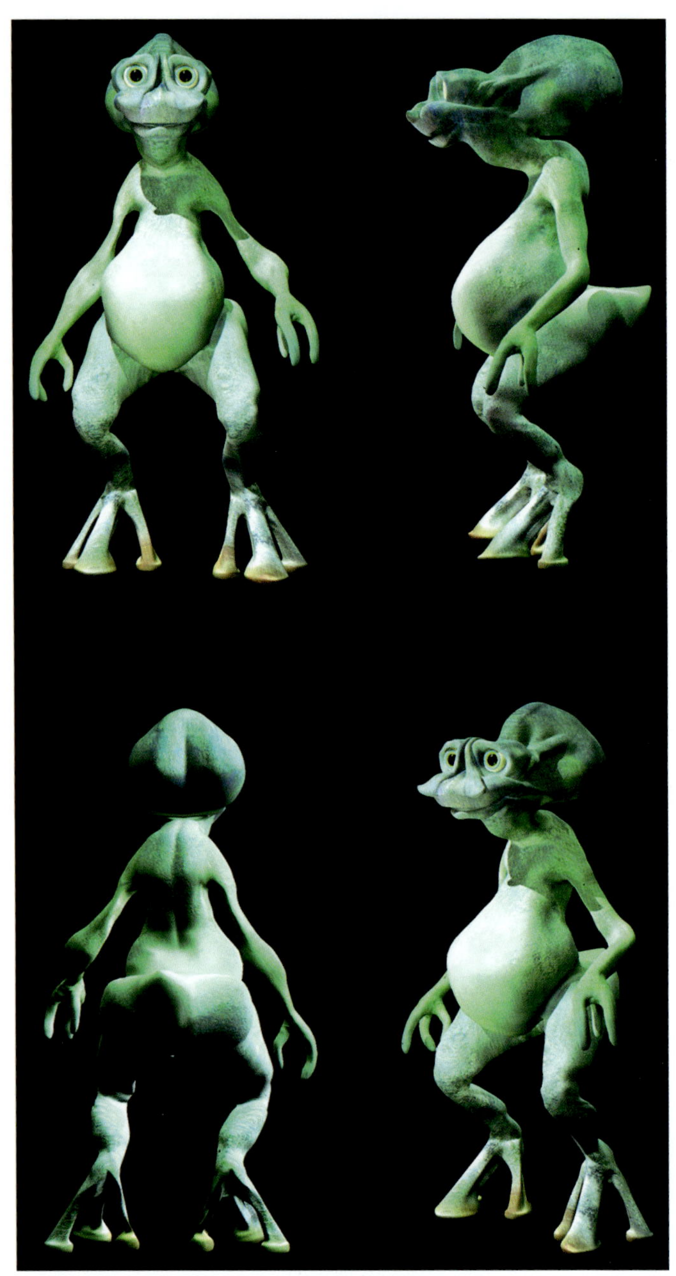

» 인간과 비슷한 상상 속의 외계인 조를 만나다.

낮다는 데에는 그럴 만한 이유가 있다.
두 개의 눈을 갖고 있으면 3-D 효과를
얻을 수 있다. 예를 들어, 두 눈은 (만
약 당신이 흔들리는 나무에서 산다면)
건너편 나무까지의 거리를 계산하는
데 도움이 될 것이고 (만약 당신이 주
요리를 바비큐로 정했다면) 시간에 맞
춰 식사 준비를 할 수 있게 해줄 것이
다. 입체적인 시각을 갖기 위해서는 대
체로 양쪽 눈이 똑같은 장면을 보아야

» 이렇게 많은 눈을 통해 어떤 이득을 보려면
엄청나게 큰 뇌가 필요할 것이다.

만 한다. 즉 양쪽 눈이 같은 방향을 향하고 있어야 하는 것이다. 바로 이것이
왜 지구상의 육식동물의 눈이 앞을 향하고 있는가에 대한 이유이다. 반면 머리
의 양쪽 측면에 눈을 갖고 있는 기생 생물은 좀더 넓게 둘러볼 수 있고 필요에
따라서는 훨씬 빨리 도망갈 수 있다. 따라서 우리는 외계인 조가 적어도 한 쌍
의, 전방을 향한 눈을 가지고 있을 것이라고 생각한다.

그런데 그가 이보다 더 많은 눈을 가졌을 수도 있을까? 많은 영화와 TV
에 등장하는 외계인은 세 개의 눈을 가지고 있는데, 그것은 영화 속에 등장하
는 지구인들과의 구별을 보다 쉽게 하기 위한 설정인 것 같다. 지구상에서 세
개 이상의 눈을 가지기란 흔한 일이 아닐 테니까 말이다. 물론 어떤 도마뱀들
은 얼마나 오랫동안 자신이 태양에 노출되었는지를 감지하기 위해 세 번째 눈
을 가지고 있는데, 이마 중앙에 있는 이 눈은 매우 보잘것없게 보인다. 만약 외
계인 조가 이미지를 만들어낼 수 있는 한 쌍의 눈을 뒤통수에 갖고 있다면 적
을 발견하는 데 도움이 될 것이다. 그리고 그럴 가능성은 매우 높다. 하지만 더
많은 눈을 갖기란 쉽지 않을 것이다. 그럴 경우 이러한 시각처리 과정을 감당
하기 위해 뇌를 활용하는 데 더 많은 에너지(그리고 더 많은 에너지 소비)를 필요
로 할 것이기 때문이다. 조의 눈이 단 한 쌍일 것이라고 단정지어 말할 수는

없지만, 그들이 열두 개의 눈을 갖고 있을 것 같지도 않다.

조의 눈은 어떤 능력을 가지고 있을까? 인간의 눈은 무지개 빛과 그 스펙트럼에 상응하는 매우 좁은 범위의 파장에 더욱 민감하다. 하지만 빛에는 많은 범위의 파장, 즉 붉은색보다 더 붉은 것과 푸른색보다 더 푸른 것이 존재한다. 우리 주변에는 이렇게 수많은 빛이 존재하지만, 우리는 그것을 다 볼 수 없다. 그 이유를 따져보려면 역사적으로 거슬러올라가야 한다. 눈은 동물이 바다에 출현하기 이전부터 발달되었다. 최초의 눈은 물 속에 사는 생물을 위해 고안된 것이었다. 실제로 매우 한정된 범위의 빛(혹은 전파)만이 물을 통과한다는 사실이 증명된 바 있다. 더 넓은 범위의 색을 볼 수 있는 능력은 분명 땅 위에 사는 존재들에게는 유용한 것이지만, 인간의 눈은 우리의 조상이 물 속에 살던 5억 년 전보다 더 제한된 범위에서 '잠겨' 버렸다.

그렇다면 조의 눈은 어떨까? 만약 조의 세계에서 생명체가 대륙으로 재빨리 이주했다면, 그의 눈은 우리의 눈과는 달리 제한적이지 않을 것이다. 반면 지구상의 생명체는 합당한 이유로 수십억 년 동안 물 속에서 지냈다. 대기중에 충분한 산소가 만들어져야 오존층이라는 방패가 형성되는데, 이것이 형성되기 전에 물 속 생명체가 메마른 육지로 올라가버리는 모험을 감행하는 것은 상당히 위험천만한 일이기 때문이다. 이와 유사한 일이 외계인 조의 세계에서 일어났을 수 있다. 하지만 이런 일은 그가 태양보다 작은 항성 주변의 행성에서 진화했을 경우에나 일어날 수 있으며, 이런 행성에서는 아무래도 위험한 자외선이 덜 방출될 것이다. 그렇다면 외계인 조가 인지할 수 있는 빛의 범위는 우리가 인지할 수 있는 범위를 훨씬 초과할 수 있다.

한편 조의 귀와 코는 어떨까? 만약 당신이 물이나 공기 같은 매질 안에서 살고 있다면 이 두 기관은 매우 유용하다. 왜냐하면 귀는 소리를, 코는 냄새 분자를 전달할 수 있기 때문이다. 거대한 귀나 코를 갖는 은총을 입은 동물이 아닌 한 어떤 소리나 냄새의 정확한 근원을 알아내기란 힘들다. 더구나 코나 귀만 있는 존재는 눈이 있는 존재에 비해 더 많은 정보를 얻을 수 없다. 물론 풀과 나무로 뒤덮인 어두운 숲 속이나 앞을 볼 수 없을 정도로 자욱한 안개 속에 있을 때는 보다 유용할 수 있다. 다시 말해, 우리는 외계인 조가 사는 세계가 액체 상태의 물과 대기를 모두 갖고 있으리라고 예상하기 때문에 그들에게도 후각과 청각은 나름의 의미를 지닌 감각일 것라고 생각한다.

» 외계인 조에게는 우리에게 없는 감각, 예를 들면 자기장을 감지할 수 있는 감각이 있을지도 모른다.

다음으로 외계인 조의 운동력은 어떨까? 지구에 사는 우리가 '다리'라고 부르는, 관절로 연결된 부분은 우리 자신을 여기저기로 운반할 수 있게끔 하는 뛰어난 기술력이다(뱀이 아닌 이상은 그렇다). 심지어 날아다니는 동물들도 다리를 가지고 있다. 이것은 단지 진화상의 우연일까? 조는 다리가 아니라 바퀴를 달고 있지 않을까? 어쨌든 차가 치타보다 더 빠르니까 말이다.

» 노래기류[4]는 수많은 다리를 잘 건사하는 것처럼 보이지만, 그 뇌는 그 밖의 다른 많은 일을 할 수 없다.

바퀴는 포장도로나 철길 같은 설계된 지형에서 가장 잘 움직일 수 있는데, 행성은 대체로 고속도로나 철도를 기본 설비로 갖추고 있지 못하니 안타까운 일이다. 바퀴 달린 운송 수단은 바위나 모래투성이의 땅에서는 제 기능을 다하기 어렵다. 그러나 만약에 외계인 조가 우리가 만든 화성 탐사 '로버' 처럼 6~8개의 다리를 가지고 있거나 초대형 트럭과 같은 크기의 바퀴를 가지고 있다면 그도 거친 땅 위를 얼마든지 돌아다닐 수 있을 것이다. 그렇지만 바퀴가 매우 부드러운 소재로 만

[4] millipede : 절지동물문의 배각강에 속하는 동물로서 다리가 무려 200쌍이나 된다

들어지지 않는 이상 생명체가 살아가는 세계에서 생물학적인 운동력의 주된 수단으로 진화했으리라고 보기는 어려운 것이 사실이다. 따라서 운동력의 주된 수단은 바퀴보다는 다리일 가능성이 높다.

외계인 조는 최소한 한 쌍의 다리, 혹은 두 쌍의 다리를 가졌을 것이다. 그러나 너무 많은 다리를 갖는 것은 너무 많은 눈을 갖는 것과 같아서, 그것을 모두 감당하기에는 뇌가 너무 고생스러울 것이다. 또한 조가 제대로 중심을 잡고 서 있기 위해서는 두 개 이상의 다리를 필요로 할 것이다. 만약 그가 단 한 개의 다리만을 갖고 있다면 로켓이나 라디오처럼 꽤 어색해 보일 것이다.

조의 몸집은 얼마나 클까? 사고가 가능하기 위해서는 많은 신경(혹은 지구인의 신경과 같은 역할을 하는 그들 고유

의 어떤 것)을 필요로 하기 때문에 지성체가 커다란 뇌를 필요로 한다는 사실은 거의 의심의 여지가 없다. 인간의 뇌는 1.4킬로그램으로 이 무게는 어떤 동물들을 다 합친 무게와 비슷하다. 외계인 조가 사는 행성의 진화가 신경세포를 우리보다 적게 만들지만 않았다면, 외계인 조의 크기는 최소한 쥐보다 작거나 비슷한 수준은 아닐 것이다.

그러나 사고 가능한 외계인의 크기에 상한선이 있을까? 만약 그가 땅 위에 살고 있다면 분명히 그 한계가 존재한다. 왜냐하면 생물을 확대시키면 힘

보다 무게가 훨씬 빨리 증가하기 때문이다. 동물의 키가 2배로 증가하면, 그 근육의 횡단면이 4배나 늘어나기 때문에 4배의 힘을 자랑하게 될 것이다. 하지만 생물 그 자체는 높이, 넓이, 깊이 모두 2배가 될 것이다. 즉 8배가 무거워지는 것이다. 따라서 동물의 키가 2배로 커지면, 힘은 4배, 무게는 8배 증가하는 셈인데, 이는 지구상에서 우리보다 작은 동물들이 왜 우리보다 더 높게 점프할 수 있는지를 설명해준다. 이를 설명하기에 가장 좋은 예로 벼룩이 있다. 벼룩은 인간으로 치자면 공중으로 300미터 도약할 수 있는 점프력을 갖고 있다(지구상의 인간 가운데 슈퍼맨만이 이 정도의 높이로 점프할 수 있다). 또한 개미는 자신의 몸무게보다 몇 배나 무거운 짐을 옮길 수 있지만 우리 가운데 그런 능력을 가진 사람은 거의 없다. 그러나 이런 곤충들을 수천 배 확대시키면, 크기는 조랑말 정도가 될 것이고 무게는 수십억 배나 증가할 것이다. 그리하여 자신의 몸무게를 견디지 못해서 맥없이 쓰러지고 말 것이다. 따라서 이 책을 읽고 난 후 극장에서 크게 늘어난 벌레들이 사람들을 위협하는 영화를 본다면, 다른 관객에게 그러한 괴물 곤충은 제대로 설 수조차 없다는 사실을 예의바르게 지적해 줄 수 있을 것이다.

만약 외계인 조가 사는 행성의 크기가 지구('대기와 바다를 가진, 암석으로 이루어진 행성'이라고 하는 것이 좀더 정확한 표현이다)와 비슷하다면, 중력 역시 대략 지구와 같을 것이다. 크기가 커지면 무게도 같이 늘어나는 '스케일링 법칙 scaling law'에 의해서, 조는 최대 크기에 제한을 받을 수밖에 없을 것이다. 만약 그의 근육과 뼈가 우리의 그것과 강도가 비슷하다면, 그는 지구상의 가장 큰 육지동물보다 더 거대하지는 않을 것이다.

이러한 제한에도 불구하고 또 다른 존재 방식도 있다는 것을 염두에 두어야 한다. 외계인 조가 상대적으로 무게가 덜 나가도록 해주는 물, 즉 두꺼운 매질 안에서 살고 있다면 그는 아주 커다란 몸집을 가질 수 있다. 몸집이 크고 마치 바람에 펄럭이는 것처럼 보이는 생명체라도 물 속에서는 생존이 가능하고 자유자재로 움직일 수도 있기 때문에 심지어 외계인 조는 골격이 필요없을 수도 있다(무척추 동물인 거대오징어^{Architeuthis}는 길이가 17미터나 된다고 알려져 있다). 그러나 물 속에 사는 외계인이 명석할 수 있을까? 일부 생물학자들은 바다가 그리 도전적인 환경은 아니라고 주장하고 있다. 바다는 날씨 변화가 없다. 늘 수영을 하는 바다생물들은 굳이 언덕을 오르거나 바위 주변으로 이동할 필요가 없다. 이렇듯 도전적이지 못한 환경은 바닷속 생물의 지능이 영원히 발달하지 않을 것임을 시사한다. 이러한 주장에서 논란이 될 수 있는 동물은 고래, 돌고래, 오징어 등인데 그들은 가장 영리한 생명체 가운데 하나인 것이다(단, 여기서 명심할 것은 고래와 돌고래는 수백만 년 전에 바다로 돌아간 육지 포유동물이었다는 사실이다).

그러나 아무리 복잡하게 발달한 바다 거주자가 존재한다 하더라도 그들이 과학기술을 발달시킬 수는 없을 것 같다. 왜냐하면 새로운 물질을 제조한다거나 하는 '산업' 의 과정은 염분이 있는 물 속에서는 이루어지기가 아주 어렵기 때문이다. 바다에 거주하는 생물은 결코 별을 발견할 수 없을 것이다(물 속에서는 하늘을 연구하기 힘들다). 더구나 무선통신도 발명할 수 없을 것이다(대부분의 전파는 물을 통과할 수 없다). 따라서 수중에 영리한 외계인이 존재한다고 하더라도, 세티 프로젝트로는 영원히 그들을 발견하지 못할 것이다.

요컨대 지능을 가진 외계인이 조금이라도 우리와 닮았을지는 알 수 없다. 그러나 만약 그가 지구와 비슷한 행성에서 진화했다면 우리는 합리적 근거를 바탕으로 그의 구조적 측면을 예상할 수 있다. 예를 들면 크기는 쥐보다 크고 코끼리보다 작을 것이다. 그리고 우리가 그들을 만났을 때 그들을 어떻게 바라봐야 하고 어떻게 악수를 나눠야 할지에 대해서도 조금은 예상할 수 있을 것 같다. 지금까지 우리는 외계인 조의 기본적인 모습에 대해 생각해보았다. 그러나 이런 문제는 차치해두고, 이제 다음과 같은 논쟁적인 질문을 던져봐야 한다. "외계 행성에도 과연 지적 생명체가 살고 있을 것인가?"

CHAPTER 3

지적 생명체

1996년 8월, 미국 항공우주국의 몇몇 과학자들은 화성에 생명체가 있다는 증거를 발견했다고 발표하였다. 각 신문들은 그들의 주장에 매우 놀라워했고 큰 지면을 할애하여 주요 기사로 다루었다.

사실 이 생명체는 이미 죽어 있는 것이었으며, 단지 약 30억 년 된 운석에서 나온 아주 작은 화석일 뿐이었다. 그러나 그것은 매우 중요한 의미를 함축하고 있었다. 만약 우리 태양계에 속하는 두 개의 행성이 생명체를 발생시켰다면, 지구에서 생명이 출현한 것은 기적이 아니다. 틀림없이 우주는 생명체로 우글거릴 것이다.

그러나 이 발표가 있은 지 일주일도 안 돼 사람들은 이 이야기에 흥미를 잃었다. 그렇게 된 부분적인 이유는 다른 연구자가 그 주장에 이의를 제기했기 때문인데, 흥미를 느꼈던 많은 사람들이 화성에서 온 운석에서 나타난 구불구불한 형체를 보면서 과연 그것이 살아 있기나 했을까 하고 의심했다. 그러나 이 이야기가 세간에 화제가 되지 못한 데에는 또 다른 이유가 있었는데, 대다수의 일반인들에게 미생물은 그리 매혹적이지 않았던 것이다. 외계 생명체에 대해 이야기할 때, 우리는 우주에 흩어져 있을지 모를 다양한 지적 생명체에 더 많은 관심을 갖는다.

이런 반응은 이상한 것이 아니다. 우리의 본능적 관심을 끄는 특정한 생물 유형이 분명히 존재하기 때문이다. 예를 들어 거대한 육식동물은 언제나 우리에게 매력적이다. 그래서 '위성 교육방송' 같은 곳에선 시청률을 높이고 싶을 때면 지금도 여전히 상어나 뱀, 그리고 굶주림에 지친 커다란 고양이과 동물들에 대한 다큐멘터리를 대량 제작해서 내보낸다. 사실 우리의 선조들에게는 위험한 육식동물의 행동을 아는 것이 필수적이고 중요한 일이었는데, 살아남기 위해서는 종종 그 동물들에게 재갈을 물려야 했기 때문이다. 따라서 맹수에게 전혀 관심이 없었던 인간의 유전자는 인류의 전체 유전자 풀[1]에서 가차없이 제거될 수밖에 없었다.

이와 비슷한 이유로, 우리는 지적 능력이 비슷한 사람에게 관심이 간다. 만약 우리가 인류처럼 똑똑한 생물과 마주하게 된다면, 우리는 그들이 음식이나 영역에 있어서 우리의 경쟁자가 될지도 모른다는 가능성으로 인해 불안을 느낄 것이다. 반면 잠재적 친구가 될지도 모른다는 긍정적인 측면도 배제할 수 없다. 소설이나 영화 속에 등장하는 외계인은 판에 박혀 있다. 그들은 닥치는 대로 도시를 부수거나 육종 실험(인간 사육)을 위해 인간을 유괴한다. 만약 그것이 생명체에게 주어진 본능적인 생존의 욕구라면, 그들의 이런 행동은 전혀 놀라운 일이 아니다.

세티[SETI], 즉 외계 지성체 탐사[the Search for Extraterrestrial Intelligence]는 높은 지능을 가진 존재에 대한 우리의 관심을 현대적으로 표현한 것이다. 사실 세티의 연구자들은 외계인 그 자체를 찾고 있는 것이 아니라 외계인이 가진 기술에 대한 증거를 추적하고 있는 것이다. 이를 위해 그들은 전송 장치나 뛰어난 성능을 가진 레이저를 만들 정도로 매우 똑똑한 생명체가 우주 저 너머

[1] gene pool : 어떤 생물 집단 속에 포함되어 있는 유전 정보의 총량.

에 존재했음을 말해주는 전파나 빛의 신호를 찾기 위해 하늘을 정밀 조사한다. 이 실험은 수백 혹은 수천 광년이나 먼 거리에 떨어져 있는 지성체를 탐지하려는 노력이며, 이는 세티의 탐사가 위험할 수도 있다는 직접적인 관심사마저도 일단 배제시킨다. 우리가 발견할 수 있는 신호가 결코 만나지 못할 것 같은 생명체에게서 온 것이라면 대체 무슨 걱정이 필요하겠는가?

무엇보다 우리는 무언가 배울 수 있기를 기대한다. 다시 말해 세티는 우리보다 덜 발달한 문명이 만들어낸 방송 신호를 찾으려는 것이 아니다. 로마 제국 시기의 유럽이나 아즈텍 문명이 절정에 달했을 때의 아메리카와 비슷한 외계 사회가 어딘가에 있으리라는 것은 분명하다. 그러나 우리가 그들을 발견하기는 어렵다. 왜냐하면 그러한 사회는 무선 송신기를 만들 수 없을 테니까 말이다. 따라서 우리가 발견하게 될 외계 지성체는 최소한 우리와 비슷한 기술 수준을 보유하고 있거나, 어쩌면 그 이상의 수준에 이미 도달해 있을지도 모른다(그렇다면 그들 행성의 역사가 우리와 몇 년 이내에 대등해질 기회가 있기는 한 걸까?) 여기서 우리는 지구의 역사가 46억 년, 그리고 우주의 역사는 140억 년 정도가 되었다는 사실을 명심해야 한다. 즉, 다른 항성계에서 살고 있는 존재들에게도 우리를 훌쩍 뛰어넘을 수 있는 충분한 시간(아마도 수십억 년 정도)이 있었다는 것이다.

만약 이렇게 진보된 어떤 사회가 우리에게 자신들이 축적한 지식과 지혜를 전달해줄 정도로 친절하다면, 우리는 많은 것을 배울 수 있을 것이다. 설령 그들이 미술과 음악, 혹은 고유한 종교 같은 문화적인 것들만 우리에게 보낸다고 하더라도(그들이 이러한 문화를 가지고 있다는 가정하에) 우리는 거기서 재미를 느낄 것이고, 박물관에 전시해볼 만한 가치도 발견할 것이다. 외계인 스타일이 갑자기 최신 유행이 될 수도 있다. 제임스 쿡^{James Cook} 선장에 의해 발견된 남부 시아일랜즈 원주민 문화는 18세기 후반 영국에서 대유행이었다. 우리가 발견한 외계 사회로부터도 이와 같은 것을 기대할 수 있다.

물론 이런 일은 무척 재미있을 것이다. 그러나 외계인 조가 수백 광년 혹은 그 이상 멀리 떨어진 곳에 살고 있다면, 우리와 효과적인 대화를 하기가 사실상 불가능하다는 것을 마음 깊이 새겨두어야 한다. 우리는 단지 그들이 우리에게 뭔가를 말하고 있다는 사실만을 알 수 있을 것이다. 뒤에서 다시 언급하겠지만, 어쩌면 우리는 그들이 보내는 신호를 전혀 이해하지 못할지도 모른다(그럴 가능성이 높다). 그럴 경우 우리는, 우리가 우주의 유일한 존재가 아니라는 있는 그대로의 사실만을 확인할 수밖에 없지만, 그것만 하더라도 철학적 중요성은 크다. 어쨌든 저 너머에 존재하는 다른 지성체에 대한 이러한 인식은 생물학자들을 성가시게 하는 질문, 즉 "생명체를 갖고 있는 행성이 지적 생명체를 만들어낼 가능성은 얼마나 되는가?"에 대한 답을 제시해줄것이다.

호모 사피엔스로 가는 길

지구상의 종種은 수백만에 이른다. 원형질적으로 볼 때 매우 다양한 종 가운데 우리와 전화 통화를 재미있게 할 수 있거나 일요일마다 낱말 퍼즐을 함께 풀 정도로 영리한 종은 얼마나 될까? 그러한 종에는 호모 사피엔스가 있고 그 다음에는… 아무것도 없다.

이것은 중요한 사실인가, 그렇지 않은가? 인류가 지구상에서 가장 두뇌가 발달한 종이라는 사실을 발견한 것은, 단지 우리가 그러한 사실을 인식할 수 있게 진화된 첫 번째 종이기 때문일까? 아니면 지적 생명체는 실제로 매우 희귀하고 진화적 발생 가능성도 별로 없어서 호모 사피엔스의 발생 역시 그저 운좋게 일어난 사건에 불과하다고 믿을 만한 근거가 있는가?

이것은 저녁식사 후 담배를 피울지, 아니면 포트 와인을 마실지를 결정하기 위해 던지는 호의적인 질문 이상의 의미를 담고 있다. 즉, 우주에서의 우리의 위치를 파악한다는 핵심적인 의미뿐만 아니라 세티 연구자들에게는 명

출현하기 위해서는 의심의 여지 없이, 산소가 있는 대기와 함께 생명체가 보다 긴 아동기를 거칠 수 있도록 해주는 사회적 환경과 같은 몇 가지 전제 조건이 필요하다.

이런 조건은 거기에 상응하는 외계의 숲 속 유인원을 만들어낼 수 있을 것이다. 그러나 그런 조건이 필연적으로 인간과 비슷한 지성체를 만든다고 확신할 수 있을까?

인류가 호모 사피엔스로 진화해온 경로는 우리가 이 질문에 답할 수 있도록 몇 가지 통찰력을 제시해준다. 지난 300만 년 동안 호머니드[3]가 지닌 뇌의 무게는 약 네 가지 요인에 의해 증가해왔으나 항상 일정한 증가세를 보였던 것은 아니다. 뇌의 크기가 가장 커졌던 시기는 호모 하빌리스가 진화상에 위치했을 때인 약 200만 년 전과, 그 이후 호모 사피엔스가 출현했던 수십만 년 전이다. 이와 같은 갑작스런 뇌 크기의 변화는 우리가 지금까지 '우리 조상들이 좀더 영리해지기 위한 작용' 이라고 논했던 것과는 달리, 실은 그 이상의 '진화적 압박' 이 있었음을 시사해준다.

이 '압박' 이 구체적으로 무엇인지에 대해서는 아직 확실히 알 수 없지만, 단순한 기후 변화에서 한 가지 시나리오를 찾을 수 있다. 수백만 년 전, 서서히 표류하던 육지들이 남반구 대양의 해류 패턴을 변화시켰다. 그러자 동아프리카는 점점 건조해졌다. 당시 우리 조상은 유인원에 가까웠는데, 어느 땐가부터 자신에게 익숙한 숲의 거주지가 사라져가고 있음을 알아차렸다. 이러한 상황에서 그들은 식량을 찾아 사바나(대초원)를 건너는 것 말고는 달리 선택의 여지가 없었다. 영장류였던 우리 조상은 강력한 턱을 갖고 있지 못했기 때문에 먹이를 발견하더라도 그것을 잘 씹어 넘기기가 매우 힘들었다. 그러자 조상들은 차라리 두 개의 앞발을 사용하는 것이 낫겠다는 생각을 하게 되었고, 진화는 직립보행함으로써 자유로워진 손으로 저녁식사를 해결할 수 있는 사람을 선택하였다. 오늘날 '팔' 로 알려진, 이 자유로워진 다리는 확실히 다른 이점도 가

[3] hominid : 유원인. 현대의 인간과 호모 사피엔스에 가까운 진화론적 조상을 가리킨다.

져왔다. 즉 이 다리로 도구를 만들고 사용했다. 그리고 오늘날 팔은 '손 신호'를 보낼 때에도 종종 이용된다(도로에서 교통신호를 무시하거나 무례한 행위를 했을 경우). 그러다가 우리 조상은 으르렁거리는 소리를 내게 되었고… 마침내 언어를 사용하게 되었다. 언어의 출현은 향상된 지능지수와 밀접하게 연결되어 있는 것 같다. 자, 당신의 뇌에 아무 단어도 만들지 않은 채 어떤 것이든 떠올려 보라. 단어 없이 그것을 생각할 수 있는가? 이제, 언어와 지능 사이에 얼마나 큰 상관 관계가 있는지 확신하게 되었을 것이다.

인간의 지적 능력에 근원을 제공했음직한 또 다른 강력한 요인으로서 우리는 아주 먼 조상의 데이트 행동을 들 수 있다. 수많은 새와 포유동물의 수컷은 암컷으로부터 관심과 호감을 얻어내기 위해 자신의 생기 넘치는 깃털이나 다리, 혹은 몸을 뒤덮고 있는 무언가를 이용해서 자신을 치장한다. 수컷이 깃털 등을 펼쳐 보이며 자신을 과시할 때 암컷 역시 짝을 결정한다. 이와 관련된 대표적인 예로 수컷 공작을 들 수 있다. 짝을 선택할 때, 암컷 공작은 길고 밝은 꼬리를 가진 수컷을 더 좋아한다. 이것은 단지 암컷의 아주 작은 뇌가 부리는 변덕이 아니라, 길고 밝은 꼬리를 가진 수컷이 자손 번식 전략에서 더 뛰어나기 때문이다. 이처럼 강한 인상을 주는 꼬리를 가지려면 신진대사가 원활해야 하고 건강해야 하며 먹이를 성공적으로 찾을 수 있어야 하기 때문이다. 게다가 화려한 꼬리로 육식동물을 공격할 수도 있고, 약삭빠른 녀석들은 도망도 칠 수 있다. 따라서 훌륭한 꼬리를 타고난 수컷을 발견했을 때, 암컷 공작은 그 수컷이 훌륭한 유전자를 가지고 있다고 확신하는 것이다. 만약 암컷이 여러 수컷 가운데 가장 낫다고 판단되는 수컷을 선택한다면 그들의 자손은 생존에 있어서 훨씬 유리한 특성을 획득하게 될 것이다.

이러한 사례가 지성체의 진화에는 얼마나 잘 들어맞을까? 직립보행이 가능해진 호머니드의 지능지수는, 뇌의 힘을 키워 자신이 누구보다도 건강하다는 신호를 보내는 행위, 즉 인류가 출현하기 전부터 수십만 세대에 걸쳐 이뤄져왔던 구애 행동의 결과일 수 있다. 게다가 뇌는 매우 복잡한 기관이라서

약간의 유전적 돌연변이
만 생겨도 완전히 엉망이
되어버릴 수 있다. 이런 사
실은 좋은 뇌야말로 우수
한 유전자를 나타내는 신
호임을 보여준다.

　　그러나 자신의 뇌를
꺼내서 사람들에게 보여
준다면, 이것은 사회적으
로 큰 실수를 범하는 너절

한 행동이 될 것이다. 그럼, 배우자에게 자신의 두개골이 우수하다는 사실을
어떻게 증명해 보일 수 있을까? 자신의 뛰어난 언변이나 음악적 재능을 선보
이든가, 아니면 유머 감각이나 창조성을 행동으로 바꿔서 보여주면 된다. 이러
한 활동 대부분이 뇌에서 관장되기 때문에, 그것은 지적 우수성을 가늠하는 믿
을 만한 지표가 되는 것이다.

　　결국 남성들은 감미로운 노래, 넘치는 재치, 뛰어난 말솜씨로 자신의 재
능을 과시하고, 여성들은 엄마와 아빠로 이루어진 가정을 꾸미기에 가장 적합
한 배우자를 선택하기 위해 남성들이 보여준 것들을 실마리로 삼는 것이다.

　　어쩌면 당신은 왜 영리한 여성들이 이러한 메커니즘에 이끌리는지 의아
해할지도 모른다. 하지만 이것은 인류가 오랜 성숙기를 거치는 과정에서 이루
어낸 자연스러운 결과이다. 인간의 아기가 성장하려면 오랜 시간이 걸리기 때
문에, 흥미롭고 즐거운 존재인 여성들에게 수없이 많은 진화적 선택권이 주어
진다. 이러한 선택권을 이용해, 여성들은 다분히 충동적인 남성 배우자들이 자
신과 함께 아이들 양육에 애쓸 수 있도록 붙잡아두는 것이다.

　　이러한 메커니즘을 '적응 신호화^{Signaling for fitness}'라고 부르는데 이것은 인
간 지성체의 급속한 출현에 중요한 과정이 될 수 있다. 그러나 이것은 복잡하

고 사회적인 동물이 출현한 환경에서만 일어날 수 있는 유형의 과정이다. 일단 전제 조건이 잘 갖추어진 곳이라면, 아무리 뛰어난 생명체라 해도 원시의 무시무시한 유인원에서부터 옆 사무실에 앉아 있는 머리 좋은 사람까지 너무나 급속하게 출현시킬 필요는 없는 것이다. 따라서 지구에서든 외계 행성에서든, 세상의 모든 것은 조금 빨리 혹은 조금 늦게, 우연히 지능지수가 높아진 생명체를 발견하게 되리라는 말이 더 설득력이 있다.

호모 사피엔스의 미래

앞에서 한 이야기가 틀렸다고 하더라도, 즉 생물학적 지성체의 진화가 자주 일어나지 않는다고 하더라도 우주는 영리한 존재로 가득할 수 있다. 우선 염세주의자들의 생각이 옳다고 가정해보자. 즉 지성체가 사는 지구 환경이 믿을 수 없을 정도로 유별나다고 가정해보는 것이다. 이럴 경우 우리는 매우 배타적인 모임의 구성원, 마치 우리은하의 인텔리겐차가 된 듯이 느낄 것이다. 그리고 극소수의 사고 가능한 존재들과만 이 우주를 공유하려 할 것이다.

그렇지 않다면? 지금까지 우리는 외계인 조를 수분이 많은 세포와 살아 숨쉬는 수많은 조직으로 이루어진 건장한 사람이라는 가정하에 이야기를 진행해왔다. 그러나 아마도 그는 이런 모습이 아닐 것이다. 이러한 대안을 이해하려면 호모 사피엔스의 미래를 생각해보아야 한다. 지난 수백만 년 동안 우리의 뇌는 급속도로 크기가 커졌지만 무게는 더 이상 늘어나지 않았다. 현재까지 1만 세대 동안 우리 인류는 더 영리한 사람을 얻지 못했고, 이러한 정체기는 계속 이어질 것으로 보인다. 이런 생각을 뒷받침해줄 만한 타당한 근거가 있다. 예를 들어 현대 의학과 복지 정부가 지능이 매우 뛰어난 사람뿐만 아니라 보통의 모든 사람들이 자손을 성공적으로 기를 수 있도록 해주기 때문에 우리는 더 이상 지능을 기반으로 한 진화론적 선택을 하지 않아도 된다. 우리가 두

뇌 능력을 키우지 못하도록 막는 또 다른 한계점은 여자의 골반이 아기를 출산할 때 무척이나 힘겨워한다는 것이다. 당연히, 아기 머리가 크면 클수록 여성들의 출산에는 더욱 심각한 문제가 발생할 것이다.

이러한 차원이 아니더라도 머리가 무거우면 위험하다. 영화 'ET'에 등장하는 외계인은 가느다란 목에 수박 크기의 머리를 가지고 있다. 실제로 생물이 ET처럼 만들어졌다면, 그는 자동차가 지나가는지 살펴보기 위해 고개를 돌리는 순간 목이 뚝 부러져버릴 것이다. 인간에게 너무 큰 머리는 물리적으로 심각한 위험을 초래할 것이 분명하다.

그러나 이것은 그리 중요하지 않을 수 있다. 지구상에서 이뤄질 진화의 다음 단계가 호모 사피엔스 모델을 향상시키지는 못하겠지만, 분명 그 사고 기관은 전반적으로 달라질 것이다. 기술적인 성향의 사람들은 21세기 초반에 '생각하는 컴퓨터'가 만들어져 성공을 거둘 것이라고 곧잘 예언한다. 그 컴퓨터는 단순히 체스 게임을 잘하는 것이 아니라 실제로 '생각'을 하게 될 것이다. 이 기계는 물리학의 기초를 닦게 될 것이고 스탠딩 코미디로 웃음을 선사하기도 할 것이며 아이들을 가르치기도 할 것이다. …그리고 이 책을 편집할 수도 있을 것이다.

어쩌면 다른 세계에는 이처럼 놀라운 발달을 이미 이뤄낸 존재가 있을지도 모른다는 점에서 오늘날 우리는 이런 종류의 예언에서 흥미로움을 느낀다. 비록 외계 지성체의 출현이 좀처럼 일어나기 힘든 일이라 하더라도, 적어도 우리은하에서 한번쯤 일어난 일이라면, 저 너머의 외계인들은 오히려 생각이 가능한 기계를 만들어냈을지도 모르는 것이다. 생각하는 기계는 자신의 행성에서 일어나는 진화 과정을 급격히 변화시킬 것이다. 왜냐하면 생각하는 컴퓨터는 스스로를 더 빨리 향상시킬 수 있기 때문이다. 다시 말해 생각하는 컴퓨터는 더 많은 용량의 메모리가 필요할 때 호모 사피엔스처럼 자연선택에 의해 뇌가 향상될 것이라는 희망을 품고 수천 세대 동안 머뭇거릴 필요가 없다.

결국 다윈의 진화론만으로는 다음 단계에서 어떤 일이 생길지 제대로 예측할 수 없다. 메모리 용량이 늘어날 수도 있고 더 늘어나지 않을 수도 있다. 하지만 만약 기계라면 필요한 용량을 정확히 늘릴 수 있다. 머더보드에 몇 개의 칩만 추가하면 되니까 말이다. 기계의 세계에서 개인은 진화할 수 있다. 그렇지만 종의 세계에서는 그렇지 못하다.

일단 '생각하는 기계'가 만들어진다면, 그 기계는 분명 생물학적 지성체의 능력을 순식간에 압도할 것이다. 원래 인간의 뇌는 초당 10조에서부터 1만 조까지의 연산을 수행할 수 있다. 우리가 현재 사용하고 있는 컴퓨터는 이보다 적어도 1만 배 정도 느린 연산 수행 속도를 보인다. 그런데 18개월마다 컴퓨터의 속도가 배로 빨라지고 있으니, 이런 추세라면 앞으로 20년 이내에 사무실의 컴퓨터가 그 앞에 앉아 있는 사람보다 훨씬 빨라질 것이다.

그렇다면 10억 년 전이나 이보다 더 오래 전에 이미 생각하는 기계의 성능이 우리의 기술 수준에 도달해 있던 은하 문명이 있다고 상상해보자. 고도로

발달된 지성체는 태생지인 외계 행성에 머물러 있는 것을 그다지 행복해하지 않을 수도 있다. 그리고 생물학적인 존재와는 달리, 기계(인간이 아닌 존재)는 항성들 사이로 로켓을 쏘아올리면서 수천 년 동안 허송세월을 보냈다고 좌절감에 빠지진 않을 것이다. 그들은 기꺼이 그런 일들을 할 것이다. 어쩌면 그들 가운데 일부는 이미 로켓을 쏘아올렸을지도 모른다.

우주의 수많은 지성체들은 전혀 온화하지도 감상적이지도 않을지 모른다. 그렇지만 그들은 매우 정교하고, 고도로 발달된 사고 기능을 가진 컴퓨터를 만들었을지도 모른다. 그런 기계를 통해 그들이 얻는 이익은 무엇일까? 그들은 상대적으로 원시적인 생물학적 창조물의 일원과 사는 것을 만족스러워할까? 혹은 새로운 지식이나 물질, 에너지의 근원을 찾기 위해 광활한 우주 공간으로 뛰어들까? 그들은 또 다른 기계 사회에서 활동할 일원을 필요로 하는 것일까? 혹시 그들은, 어두운 항성 사이를 표류하면서 가끔씩 다른 기계에게 자신의 존재나 생각을 신호로 보내고 있는, 고도의 지능을 자랑하는 방대하고도 유일한 하드웨어 집단이 아닐까?

결국 '생각하는 기계'는 생물만큼 훌륭한 것일 수 있으나, 우주의 진정한 지배자를 만들어내기 위한 성숙하지 못한 부트 스트랩^{boot strap}에 불과하다.

CHAPTER 4

아득히 먼 곳에서 온 방문자

외계인은 어디서 올까? 그의 생김새는 어떨까? 그는 동물일까, 아니면 로봇일까? 그런데 이런 질문을 한가롭게 뒤뜰이나 거닐며 해도 되는 것일까? 혹시 외계인은 이미 지구에 와 있는 게 아닐까?

미국에서 실시된 여론 조사에 따르면 절반 이상의 시민들이 외계인의 지구 방문은 이미 이루어졌는데 정부가 그 정보를 숨기고 있는 것이라 믿고 있었다. 유럽인들의 의견도 이와 비슷했다. 즉 대부분의 사람들은 우리의 상공에 외계인이 우글거리고 있고, 그러다 가끔씩 사람들에게 장난을 친다고 생각하는 것이다.

만약 이것이 사실이라면, 외계인 조가 어떻게 생겼는지를 알고 있는 사람이 최소한 몇 명은 된다는 얘기다. 그렇다면 그들은 수천 년 동안 인류가 답을 구하고자 했던 질문에 대한 해답도 갖고 있을까?

과연 이러한 생각은 논리적인가?

우주의 네안데르탈인, 비행 접시를 만나다?

2,000년 전, 아니 그보다 훨씬 전부터 그리스인들은 인간 세계를 주관하기 위해 신이 하늘에서 내려왔다는 신화를 가지고 있었다. 하늘은 어둡고 신비하며, 강력한 창조물이 모두 숨겨져 있는 위대한 장소로 여겨졌다. 즉 '우주에서 온 방문자' 라는 개념은 아주 오래 된 것이다.

현대판 그리스 신화는 1947년 아이다호의 사업가인 케네스 아놀드[Kenneth Arnold]가 자신의 경비행기를 타고 날아가던 중에 한 무리의 이상한 물체를 보았다는 사실을 신문기자에게 말하면서 시작되었다. 아놀드는 그들이 시속 2,000 킬로미터의 속도로 미국 북서부의 산 위를, 마치 접시가 물 위를 스치듯 움직

» 많은 사람들은 외계인이 이미 여기에 존재한다고 믿고 있다.

이면서 사방팔방으로 날아갔다고 주장했다. 이러한 이야기를 들은 신문기자는 아놀드가 '비행 접시'를 보았다는 내용으로 오해의 소지가 있는 기사를 썼다(원래 아놀드는 그 물체들을 '초승달' 모양이라고 생각했다. 그러나 '비행 초승달'은 '공중 그네 곡예단'만큼이나 기묘하게 들리는 것이 사실이다).

이후 갑자기 '비행 접시'가 도처에서 보이게 되었다. 미국 공군의 한 대령은 곧 '미확인 비행 물체', 즉 'UFO'라는 신조어를 만들었다. 이 용어는 오늘날 쉽게 확인되지 않는 밝은 빛이나 물체를 하늘에서 보았을 때에도 자주 쓰인다.

UFO를 목격한 많은 사람들에 의해 생겨난 가정(이것은 곧잘 대안을 찾기도 전에 만들어지곤 한다)에 의하면 그 UFO 가운데 일부는 적어도 조종석에 외계인이 앉아 있는 우주 왕복선이라는 것이다. 여기서 우리는 자연스럽게 다음과 같은 질문을 제기하게 된다. 외계인은 왜 우리를 찾아오는 것일까? 공상과학 영화를 보면 그 해답은 간단하다. 즉 외계인 방문자는 대개 '우리의 고향별을 닥치는 대로 파괴하기 위해서' 혹은 '우리 별을 차지하기 위해서' 우리의 현관 앞에 갑자기 들이닥치는 것이다. 그러나 눈치 빠른 독자는 이미 알아챘겠지만, UFO가 반세기 동안 목격되었음에도 불구하고 그들은 아직까지도 지구를 파괴하지 않고 있다. 그래서 우리는 외계인이 지구를 찾아오는 또 다른 동기를 찾아내지 않을 수 없게 되었다.

다른 행성에 살고 있는 그 존재들은 아마도 우리의 자원을 원하고 있는지도 모른다. 그렇다면 어떤 것을? 상대적으로 크기가 작고 금속성 광물이 밀집해 있는 소행성대[1]가 외계인들이 우리의 이웃을 방문하도록 장려하는 매력적인 아이템일 수 있다. 아니면 외계인들은 우리의 물이나 약간의 금, 은, 백금을 원할지도 모른다. 그러나 이러한 가능성은 모두 한계를 가지고 있다. 왜냐하면 외계인 입장에서는 그들 자신의 항성계에서 이런 물질을 찾는 편이 훨씬 더 저렴하고 항해 비용도 줄일 수 있기 때문

---

[1] asteroid belt : 화성 공전 궤도와 목성 공전 궤도 사이에 존재하는데, 수많은 크고 작은 소행성들로 이루어져 있다.

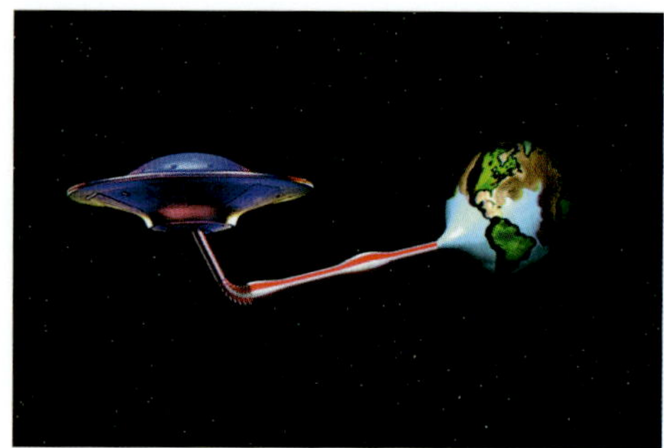

» 외계인들은 과연 우리의 자원을 원할까?

» 아니면 우리의 애정을 원할까?

» 혹은 우리의 기술을……?

이다.

또 다른 가능성으로는 외계인들이 우리를 양육하기 위해 방문한다는 것이다. 이것은 우리에게 별로 달가운 일이 아닐 뿐더러 설득력도 없다. 만약 외계인이 이런 일을 하려면 자신의 유전적 청사진으로서 DNA를 가지고 있어야 하고, 더구나 그 DNA가 우리와 거의 동일해야 한다. 인간은 침팬지를 성공적으로 양육할 수 없었고, 대체로 양육을 시도하는 순간부터 실망해야 했다. 우리의 DNA는 침팬지의 그것과 불과 2퍼센트밖에 차이가 나지 않는데도 말이다. 게다가 천지만물이 다른 세계의 파트너를 찾을 목적으로 로켓을 발사해야만 한다니, 그래야만 종의 재생산이 가능하다니! 이는 상상조차 하기 어려운 일이다. 이러한 상황이라면 데이트조차도 불가능하다.

그들이 우리의 행성이나 우리의 신체를 원하는 것이 아니라면, 혹시 우리의 기술을 필요로 하는 것은 아닐까? 하지만 이것도 그럴듯하지 못하다. 만약 그들이 지구까지 오기 위해 수백 광년 혹은 그 이상의 거리를 여행할 수 있는 능력을 갖추었다면,

그들의 기술은 이미 우리의 기술을 훨씬 능가할 것이기 때문이다. 우리라면 원시인의 기술을 훔치기 위해 그들을 방문하겠는가?

한편 몇몇 소수의 사람들은 이제까지 말한 것들과는 정반대 되는 의견을 내놓았다. 미국 정부가 외계인 우주선을 '역설계'하여 군용 항공기 같은 분야에서 엄청난 기술의 진보를 이루어냈다는 것이다. 이 주장은 미국 정부가 외계인 방문자에 대한 확실한 물적 증거를 가지고 있으면서도 비밀에 붙이고 있다는 대중적 인식을 설명해주는 것이기도 하다. 그러나 이것 역시 이치에 맞지 않는다. 만약 당신이 네안데르탈인에게 휴대폰을 건네준다면, 그는 그것을 '역설계'한 다음 단지 뼈를 두드리는 도구로 사용할 것이다. 혹시라도 이런 일이 실제로 일어난다면, 우리는 미국 군용 항공기가 그 어떤 것보다도 비현실적이며 거대한 일을 행하리라고 기대하게 될 것이다.

외계인의 방문에 대한 이런 여러 가지 설명들은 흥미를 자아내긴 하지만 그다지 신빙성은 없다. 지구상에 외계인이 존재한다는 사실을 강하게 증명해줄 만한 근거가 있기만 하다면, 그 동기에 대해서는 걱정할 필요가 없을 것이다. 그들이 여기에 존재한다면, 그 자체가 중요하고 흥미로운 것이지, 그들이 무엇 때문에 여기에 왔는가는 그리 중요한 문제가 아니다. 그러니 우리는 이제, 과연 외계인을 보았다는 사람들이 내놓은 근거들이 얼마나 믿을 만하고 훌륭한지를 확인해볼 필요가 있다.

UFO를 봤다는 사람들이 본 것은 대체 무엇인가?

UFO 연구단체들이 해마다 전세계적으로 수집한 UFO 목격 사례는 수천 건에 이른다. 그런데 이들 중 상당수가 비행기, 낙하산, 새, 연, 유성, 공 모양의 번개, 밝은 항성이나 행성, 날아가거나 떨어지는 로켓, 기상 관측 혹은 파티를 위한 기구balloon인 것으로 밝혀졌으며, 이러한 목록은 그 수를 헤아릴 수도 없을 지경이다. 누군가가 저녁 8시에 이륙하는 가트윅발 파리행 비행기를 보았다고 하자. 여기에 큰 관심을 쏟을 사람은 없을 것이다. 하지만 매년 발견되는 수천 개의 UFO 가운데 일부가 외계 우주선이라고 한다면 우리의 맥박은 어느샌가 빨라지게 될 것이다.

그런데 슬프게도 UFO가 외계 우주선임을 증명해줄 만한 근거는 전혀 없다. 미국 공군이 UFO의 목격 사례를 상당한 노력을 기울여 조사하고 있음에도 불구하고 충분한 증거를 찾지 못해 대부분의 과학자들에게 하늘에 나타나는 빛이 외계인의 로켓 조정과 밀접한 관련이 있다는 확신을 전혀 심어주지 못하고 있다. 미 공군은 케네스 아놀드가 '비행 접시'라는 개념을 세상에 최초로 소개했던 1947년에 그 현상에 대한 연구를 시작했다. 사실 미군이 이 신비한 물체에 큰 관심을 갖게 된 이유는 이 물체가 '어느 별에서 온 우주선'일 것 같아서라기보다는 '소련에서 온 최첨단 비행기'일지도 모르기 때문이었다. 심지어 영국의 수상이었던 윈스턴 처칠^{Winston Churchill}도 이러한 가능성에 대해 충고했었다. 하여간 그 동기가 어떤 것이었든, 미 공군은 1947년부터 1969년까지 수집된 1만 3,000여 건에 달하는 UFO 목격 사례를 조사하였다. 그 결과, 접수된 사례의 무려 94퍼센트가 자연 현상에 불과하거나, 비행기처럼 인간이 만든 것에 의해 발생했음이 밝혀졌다. 이 조사는 1969년 말에 끝났는데, 이때 미 공군이 내린 결론은 UFO는 위협적인 존재가 아니며, 외계인의 운송 수단이라는 증거도 없다는 것이었다.

여기서 우리는 미 공군이 확인하지 못한 6퍼센트의 목격 사례에 대한 궁금증을 갖게 된다. 혹시 그 6퍼센트 사례 속에 외계인 방문자의 증거가 있지는 않을까? 누구나 그 6퍼센트를 그렇게 생각할 수밖에 없을 것이다. 그러나 이것도 신뢰할 만한 증거가 되지는 못한다. 어느 대도시 경찰서 소속의 경찰이 매우 유능하다고 가정해보자. 그는 아마도 살인 사건의 94퍼센트를 해결할 수 있을 것이다. 그가 해결한 사건은 모두 인간이 범인인 경우일 것이다. 그렇다면 그 나머지 6퍼센트는 왜 해결하지 못했을까? 그 사건이 유령이나 장난을 좋아하는 요

정, 혹은 외계인이 저지른 것
이기 때문일까? 물론 그럴 수
도 있다. 하지만 누가 이런 이
야기를 사실로 믿겠는가? 실제
로 그 경찰을 도울 인원이 보
강되고 좀더 확실한 증거와 충
분한 시간이 주어졌다면 그는
보다 많은 사건을 해결했을 것
이다. 당연히 범죄가 해결된
비율도 훨씬 높아질 것이다.

　　UFO 연구에 있어서도 사정은 비슷하다. 목격 사례를 설명해줄 수 있는
천체나 비행선과 같은 일상적인 현상들을 일일이 탐사할 수 있는, 충분한 시간
이나 인력이 없다는 것이다. 수천 건에 이르는 UFO 목격 사례는 전세계적으
로 나타나기 때문에 아주 멀리 떨어져 있는 수많은 사람들에 의해서, 아니면
이보다 가까운 곳에 사는 몇 안 되는 사람(한 사람인 경우도 있었다)에 의해서 기
록되었다. 그러다 보니 그들이 목격한 UFO의 설명과 우연히 찍은 사진이나
비디오는 아주 보잘것없었고 확인조차 힘든 것들이었다. 확인하지 못한 사례
들 대부분은 확인하기에 충분한 자료 ─ 여기서 '그 물체가 무엇일까' 는 중요한
문제가 아니다 ─ 를 갖고 있지 못한 것들이었다. 따라서 우리는 모든 UFO(미확
인 비행 물체)가 IFO(확인 비행 물체)로 바뀌지 않았다고 해도 그다지 놀랄 필요
가 없다.

　　게다가 저 위에는 지구를 실시간 관측하는 '지구 관측 위성' 들이 많이
있다. 이 위성들은 각각 군사적인 목적에 의해서 혹은 기상 관측을 위해서 만
들어졌거나 초목과 해류, 심지어 화산 폭발과 화재를 지도에 표시하기 위해 사
용되기도 한다. 미국의 경우 40년 넘게 군대가 우주의 폐품을 찾아 일람표를
작성하고 있는데, 이를 위해 미군은 복잡한 레이더망을 조종해왔다. 이것으로

수천 조각의 파편을 계속 감시하고 있는데, 그 파편들 가운데 일부는 크리켓 공만큼이나 작다. 그런데 이 레이더가 외계인 우주선을 발견한 적은 없는 것 같다. 어쩐 일인지 외계인 방문자들은 우리의 최첨단 기술에 의해서가 아니라 자기 집 뒤뜰에 서 있던 어느 평범한 시민에 의해서만 목격되는 모양이다.

피라미드와 크롭 서클의 비밀?

대부분의 UFO는 하늘을 가로지르며 쏜살같이 날아갈 때 발견되었다. 이와 같은 사실은 다음과 같은 질문을 하게 만든다. 왜 그들은 착륙하지 않을까? 유럽인들이 최초로 아메리카 대륙을 탐험했을 때를 생각해보라. 그들이 단순히 해안에서 몇 마일 떨어진 곳에서 항해만 했던 것은 아니다. 수고스

럽더라도 그들은 해안가에 배를 정박시켰으며, 그곳에 살고 있는 원주민의 일에 직접 관여하였다.

그러나 외계인이 지구에 '착륙' 했음을 보여주는 목격 사례도 최소한 한 가지는 있다. 집에서 외계인에게 유괴되었다고 주장하는 사람들이 쓴 보고서가 바로 그것이다(그 사람들은 대개 침실에서 사라졌다. 아마도 외계인들은 저녁 식탁이나 텔레비전용 소파에서 사람들을 잡아가는 것은 별로 내켜하지 않는 것 같다). 외계인들은 사람들을 납치한 다음 그들을 감시하고 고통스런 실험 대상으로 이용하기 위해 자기들 우주선에 탑승시킨다. 미국에서 1992년에 실시된 여론 조사에 따르면 300만 명 이상의 시민들이 UFO에 의해 유괴된 적이 있다고 대답했다. 만약 이 조사가 사실이라면 외계인은 눈코 뜰 새 없이 바빴을 것이다. 그러나 연구자들은 그러한 경험은 그저 옛날 얘기 같은 것일 뿐이라고 지적했다. 심지어 중세 시대에도 잠자는 사이에 유괴된 사람들에 관한 기록이 남아 있다. 당시 사람들은 이러한 사건이 대개 악마나 그의 후계자에 의해 벌어진 일이라고 생각했다. 심리학자들은 '수면 마비(가위눌림)' 로 알려진 현상이 이런 이야기들을 자연스럽게 설명해줄 수 있다고 지적한다. 우리가 잠을 잘 때나 산책을 마치고 깜박 졸았을 때 우리 뇌가 몸을 움직이지 못하게 만들어놓는 경우를 간혹 경험한다. 만약 배나 기차의 간이침대 같은 데서 잠을 잔다면 이런 일은 더 잘 발생할 것이다. 이런 환경에서 우리는 간혹 어떤 반응도 할 수 없는 '꿈의 상태' 를 경험하게 된다. 즉 침대에 꼼짝달싹 못한 채 누워 있거나 환영을 보고 있다고 느끼는 것이다. 바로 이러한 현상이 이제까지 보고된 '유괴 사례' 의 일부를 설명해줄 수 있을 것이다.

세상에 잘 알려진 또 다른 사례로는 '로즈웰 사건' 이 있는데, 이 사건은 좀더 불길한 느낌을 갖게 한다. 케네스 아놀드가 접시형 UFO를 목격했다고 제보한 때인, 1947년 6월 중순 미국의 남서쪽에 위치한 뉴멕시코 주 로즈웰에서 북서쪽으로 약 10킬로미터 떨어져 있는 농장에서 이상한 파편 몇 조각이 그 농장 주인에 의해 발견되었다. 그는 이것을 군대에 신고했고, 군대는 그 파편

» 1947년 뉴멕시코 주 로즈웰 근처에 추락한 외계인은 얼마나 고통스러웠을까?

들을 "비행 접시"라고 말하면서 즉시 거두어 갔다. 그러나 군 당국은 하루 만에 "기상 관측용 기구를 만드는 데 사용되는 물질을 수거했을 뿐"이라며 본래 주장을 번복하였다.

그것은 기상 관측용 기구처럼 생기지도 않았고, 실제로 기상 관측 기구가 아니었다. 1년 후 미 공군은 또다시 자기들의 주장을 번복하였다. 1994년에 발표된 장황한 보고서에 의하면, 로즈웰에 있는 미군 비행장은 1940년대에 모굴^Mogul 프로젝트라는 기밀 실험을 하느라 매우 분주한 상태였다고 한다. 모굴 프로젝트란 소련과의 경계 부근에 일정 고도를 유지하면서 일렬로 늘어서는 기구들을 쏘아올려 소련의 핵 실험을 감시하도록 하는 것이었다. 이 기구에는 먼 거리에서 폭파가 일어나도 그 소리를 포착할 수 있는, 민감한 청취 장치가 달려 있었다. 모굴 프로젝트를 시험하기 위한 방법의 하나로, 이러한 장비들을 실은 기구가 로즈웰 근처에 있는 공군 기지에서 발사되었다. 24개 가량 되는

　세티 과학자들이 직접 들려주는 우주 생명 이야기

기구가 사슬로 연결되어 한 줄을 이루며 날아갔는데, 6월 4일에 발사된 것도 그중 하나였던 것이다. 추후에 이루어진 분석은 이 '특별한 발사' 이후 그것이, 파편이 발견된 농장 쪽으로 추락했음을 보여주고 있다. 현재 생존해 있는 모굴 프로젝트 팀의 일원은, 그 파편의 모양과 내용물이 공군 기지의 연구자가 공중으로 쏘아올린 것과 일치한다고 증언한다.

다시 말해, 만약 로즈웰에서 발견된 것에 대한 다소 뒤얽힌 설명이 외계인이 아니라 미국 군대의 실험과 연루되어 있다면, 그 설명이 보다 더 논리적이라는 것이다.

외계인이 지구에서 활동한다는 것을 보여주는 또 다른 징조가 있는데, 이집트의 피라미드와 페루의 나즈카 근처 사막에서 발견된 희귀한 고대 문양이 그것이다. 그러나 파라오의 거대한 피라미드가 후대의 사람들이 감히 개량할 수 없을 정도로 시간이 지날수록 그 구조의 정교함이 더욱 명백히 드러난다는 이유만으로 그것이 외계인 방문자들에 의해 지어졌다고 주장하는 것에 대해서는 믿을 수가 없다. 예를 들어 5,000년 전에 지어진 사카라^{Sakhara}의 유명한 계단식 피라미드의 경우, 그 건축물에 사용된 블록의 무게가 너무나 터무니없었기 때문에 부분적으로 붕괴되었다. 하지만 이것보다 1세기 정도 후에 지어진 유명한 기자^{Giza} 피라미드는 계단식이 아니라 보다 부드럽고 덜 가파른 경사면으로 되어 있다. 기자 피라미드는 사카라 피라미드보다 훨씬 많은 개량이 이루어진 것이다. 이러한 증거들은 이집트인이 별들 사이를 여행할 정도의 기술을 가진 외계인 건축가들을 초대했다기보다는 이러한 기념비적인 건축물을 짓는 방법을 터득하고 있었다는 사실을 더욱 강력하게 시사해주고 있다.

흔히 나즈카 라인^{Nazca lines}이라고 불리는 선은 페루 사막을 할퀸 것처럼 그어져 있는데 수 킬로미터에 달하는, 직선과 평행선에 가까운 선들로 이루어져 있다. 이와 함께 거대하고 기하학적인 도형과 칠면조, 거미, 벌새, 원숭이 등의 동물 그림이 그려져 있다. 이것은 그 지역 주민이 외계인의 가르침에 따라 만들었다고 전해진다. 외계인은 자신의 접시를 착륙시킬 좁고 긴 땅을 몹시도 갖고 싶어했다. 반면 '왜 외계인의 간섭이 필요했는가' 에 대해서는 이해하기 어렵다. 나즈카 문양이 로마 제국이 유럽에서 번성하고 있을 때 생겨난 것이라고 믿는 고고학자들은 '왜 나즈카 문양이 만들어졌는가' 에 대한 몇 가지 근거를 제시하였다. 즉 '종교 의식의 한 요소' 이거나 '물의 근원지를 나타내는 표식' 이라는 것이다. 그러나 표기의 용도가 무엇이었든 간에, 당시 페루의 지역 주민들은 그 문양을 만들기 위해 사막을 횡단하여 땅을 그을 정도로 상당히 정교한 기술을 갖고 있었음에 분명하다. 따라서 그들에게 외계의 도움이 필요했을 것이라는 생각은 그들을 낮게 평가하는 것이나 마찬가지이다.

　　마지막으로 매년 여름이면 영국에 자주 나타나는 크롭 서클^{crop circles}이 있다. 이 원형을 만드는 데 농작물이 사용되었다는 사실은, 그것이 판자나 줄보다 덜 복잡한 도구라는 점에서 예술가들에게 충분히 창작욕을 불러일으킬 만

» 크롭 서클은 실제로 일어난 사건이다. 여기서 쟁점이 되는 것은 '무엇이 혹은 누가 그런 현상을 일으켰는가' 하는 것이다.

한 주제임에도 불구하고, 이러한 '농작물 그래픽'이 좀더 이국적인 도안가, 즉 우리와 사인^{sign}을 통해 의사소통을 하려고 방문한 외계인에 의해 만들어진 것이라고 믿는 사람들이 여전히 있다. 반면 외계인이 왜 영국의 몇 안 되는 시골 지역에만 그 많은 사인을 보내 커뮤니케이션을 시도하는지, 우리보다 월등히 진보된 사회가 왜 엄청난 양의 에너지를 소비하면서까지 시골 밀밭에 낙서를 하기 위해 먼 여행을 감행하는지 궁금해하는 사람들 또한 더 많이 존재한다. 게다가 매력적이기까지 한 크롭 서클의 패턴은 대체로 반복되는 고차원의 기하학적 디자인을 띠고 있다. 신호 이론의 측면에서 보더라도 사인은 매우 적은 (절節로 된 단어보다 훨씬 적은) 정보만을 수반한다. 이미 정교한 기술을 가진 외계인이 고작 그 정도의 커뮤니케이션을 하기 위해 그렇게 많은 수고를 할 것이라고는 생각되지 않는다.

믿을 만한 증거는 왜 그리 부족한가?

외계인이 지구를 방문하고 있다고 확신하는 과학자들은 오히려 소수이다. 대부분의 과학자들이 자신들의 회의론을 정당화하는 가장 큰 이유는 신뢰할 수 있는 물리적 증거가 부족하기 때문이다. 즉 확실한 증거품이 없다는 것이다. 대학 실험실 안의 그 누구도 지구상에 존재하지 않는 플라스틱이나 UFO에서 나온 분석 가능한 초자연적인 합금 조각을 찾아내지 못했던 것이다.

그러나 외계인이 진짜로 지구에 있다고 믿는 사람들은 이러한 회의적인 과학자들에게 두 가지 논지를 가지고 반박하고 있다. 첫째, 이러한 증거들이 사실은 과학자들이 알고 있는 것보다 더 신빙성을 갖고 있는데도 과학자들이 닫힌 마음으로 그것을 보고 있기 때문이라는 것. 둘째, 미국 정부가 가장 결정적인 증거를 숨기고 있다는 것이다.

첫 번째 설명을 무턱대고 받아들이기는 어렵다. 세계에는 수십만 명의 연구자들이 있다. 만약 지구를 방랑하고 있는 외계인이 있다는 티끌만한 확률이 있다면 그 연구자들 가운데 최소한 수천 명은 이 문제를 해결하기 위해 자신의 남은 생애 동안 골방에 처박혀 있어야 한다 해도 그렇게 할 것이다. 사실 그들에게 이보다 더 큰 호기심을 불러일으킬 만한 발견이 있겠는가?

다음은 정부의 은폐설인데, 이것 역시 근거가 거의 없는 설명이다. 과연 지구상의 모든 정부가 이 사실을 은폐하려고 할까? 미국이나 영국 정부가 외계인의 존재를 국가 기밀로 한다고 해서 벨기에, 브라질, 불가리아와 같은 다른 국가에서도 이런 방침을 따르겠는가? 게다가 외계인은 왜 자신의 존재를 비밀로 하는 정부를 가진 국가에만 방문하는 것일까?

마지막으로, 만약 외계인들이 정말로 우리의 하늘을 여행하고 있다면 왜 그들이 이런 여행을 감행한 것인지 질문해볼 수 있다. 우리가 이미 주목했던 것처럼, UFO가 최초로 목격된 것은 1947년의 일이었다. 그것은 46억 년이라는 지구의 역사에서 겨우 50여 년 전에 일어난 사건이다. 결국 이러한 주장이 사실이라고 가정하는 순간, 이 연대기는 우리에게 다음과 같은 사실을 즉시 말해주는 것이다. 첫째, 우리는 보기 드문 사건을 목격한 억세게 운 좋은 사람들이다(1억 분의 1의 확률). 둘째, 외계인은 일상적으로 우리를 방문해왔다. 셋째, 핵 실험과 환경 오염, 록 음악 같은 우리의 활동이 외계인들의 관심을 끌어서 그들이 지구에 내려오도록 부추겼다.

우리가 외계인을 처음이자 유일하게 만난, 그야말로 운 좋은 사람이라고 생각하는 첫 번째 가능성은 복권에 일등으로 당첨되기보다 더 힘든 일이다. 이런 관점은 자신의 고향 사투리를 친근하게 구사하는 사람이라면 무조건 쉽게 믿어버리는 태도와 같다.

두 번째 가능성은, 외계인이 일상적으로 지구를 찾아오고 있기 때문에 우리가 사는 동안 그들의 방문을 목격하는 일은 그다지 특별히 일어나는 사건이 아니라는 것이다. 이러한 가능성에 대해서는 좀더 정밀하게 조사해볼 필요

» 외계인은 예전부터 이미 우리를 관찰해왔는지도 모른다.

가 있다. 다만 여기서 해볼 수 있는 질문은 그들이 얼마나 자주 방문하는가이다. 만약 외계인이 수천만 년에 한 번 방문을 한다면, 그 추리는 첫 번째 가능성으로 돌아가게 된다. 즉 우리는 억세게 운 좋은 사람 가운데 한 사람이 될 확률이 매우 커진다는 것이다. 그러나 이미 살펴본 것처럼, 일부 사람들은 외계인이 역사적인 시대에 지구를 활보했다고 주장한다. 예를 들면 피라미드 건설을 돕기 위해서 말이다. 만약 이것이 사실이라면 그러한 방문은 적어도 5,000년에 한 번꼴로는 이루어졌을 것이다. 또한 외계인이 특별한 이유를 가지고 우리를 만나러 온다는 몇 가지 문제점(즉, 앞으로 우리가 살펴보고자 하는 몇 가지 가능성들)을 제외하더라도, 그들이 원정대를 최소한 100만 번은 지구에 보냈어야 한다는 점에서 새로운 문제점이 내포되어 있다. 우리도 가끔 보르네오 섬으로 인류학 연구팀을 파견하지만, 현실적으로 100만 번이나 보낼 수는 없다. 하물며 수백 혹은 수천 광년을 여행하는 것보다는 보르네오로 가는 것이 훨씬 더 쉽다. 따라서 이 두 번째 가능성 역시 지구를 방문하는 외계인들에 대한 충분한 설명이 될 것 같지 않다.

마지막으로 우리가 생각하는 최후의 가능성은 인간이 외계인들을 부추겨 인간의 활동을 돕게 했다는 것이다. 고도로 발달한 은하 사회가 지구의 전쟁, 환경오염 문제, 대중음악에 조금이라도 관심을 갖고 있을지에 대한 생각은 잠시 접어두자. 여기서 정말로 던져야 할 질문은 "외계인들이 어떻게 우리의 모든 것을 알고 있는가?"이다.

사실 호모 사피엔스가 별에 보내는 단 하나의 분명하고 지속적인 '신호'가 있기는 하다. 텔레비전과 레이더에 포함되어 있는 고주파 무선 전송이 바로 그것이다. 고대 이집트인이나 나즈카 인디언을 차치해두더라도, 발달된 기술력을 갖고 있던 빅토리아 시대의 사람들조차도 몇 광년이나 떨어진 곳에서 나오는 신호를 탐지하지 못하였다. 인간이 우주에 자신의 존재를 알리려고 노력한 지는 불과 70년 정도밖에 되지 않는다. 따라서 세 번째 가능성은 문제가 있다. 우리의 첫 방송을 수신한 외계인들이 즉각 우주선에 올라타고는 광속으로 날아 지구에 1947년에 도착하려면, 그 외계인들은 적어도 8광년보다 더 먼 거리에는 존재할 수 없다. 지구에서 보낸 최초의 고주파 무선 전송, 즉 우주까지 도달할 수 있는 유형의 송신은 1930년대 초에 시작되었다. 8광년 이내에는 4개의 항성계가 존재할 뿐이다. 여기서 우리는 다시, 복권 당첨 확률과 비슷한 정도의 가능성에 부닥치게 된다.

'워프 드라이브[3]'를 하면 어떨까? 어쩌면 외계인이 웜홀[4]을 만들었을지도 모르고, 전혀 시간에 구애받지 않고 지구에 도착했을 수도 있다. 하지만 이것은 중요하지 않다. 다만 우리의 신호가 광속으로 여행하고, 아무리 빠른 우주선이 있다 해도, 우리가 사랑하는 이 지구에, 그

[3] Warp Drive : 가공할 만한 파워를 가지고 빛보다 빠른 속도로 여행 및 공간이동을 하는 것.

[4] wormhole : 아인슈타인의 상대성 이론을 기초로 세워진 개념으로 물질을 빨아들이는 '블랙홀'과 내뿜는 '화이트홀'을 연결하는 우주의 통로를 가리킨다. 이 개념은 빛보다 빠른 시간여행을 가능하게 한다.

것도 1947년에 외계인이 도착하려면 그들의 거주지가 15광년보다 더 멀리 떨어진 곳에 있을 수는 없다는 것이다. 15광년 안에 있는 항성계의 수는 약 36개이다. 이 항성계에서 외계인이 살 만한 곳을 찾아내려면 우리은하 내에 고도의 기술력을 가진 사회가 무려 100억 개는 있어야 할 것이다. 이것은 정도가 지나친 낙관론이 아닐 수 없다.

지구 혹은 지구의 거주자인 인간이 우리은하 내에 있는 이웃의 관심을 끌 정도로 매력적일 뿐만 아니라, 심지어 그들의 방문을 독려했다고 믿고 싶은 건 사실이다. 그러나 이러한 자기중심적 사고도 대중적 지지를 얻어내기란 사실 매우 어렵다.

우리도
믿고 싶다

수많은 UFO 목격담과 크롭 서클의 잦은 출현, 그리고 외계인 유괴에 관한 보고서들은 충분히 우리의 관심을 불러일으킨다. 그러나 이런 이야기들이 얼마나 빈번하게 보고되는지를 알려주는 각종 수치들이 그 자체로 외계인의 방문을 입증할 만한 충분한 증거가 되어주지는 못한다. 그럼에도 불구하고 이러한 수치들은 우리에게 인간의 행동이 가진 또 다른 면을 일깨워준다.

우리는 사적인 삶에 영향을 줄 수 있는 강력한 존재에 대한 개념을 좋아한다. 믿어지지 않을 정도로 방대하고, 몹시 추우며, 잔인할 정도로 적대적인 우주에서 – 우주에서 지구는 어디에 있는지조차 알 수 없을 정도로 특별하지 않은, 떠다니는 티끌에 불과하다 – 지구를 발견하고 우리를 탐지해내며, 우리처럼 평범한 존재들에게 영향력을 미치기 위해서 찾아와주는 – 와서 보라! – 존재가 있다면 우리는 위안을 받을 것이다. 비록 그들이 지구에 와서 우리의 신체를 실험용으로 사용하는 데 열중한다고 하더라도, 그것은 최소한 우리들에 대한 그들의 관심의 표현이니까 말이다. 우리는 그들에 의해 유괴당할

    세티 과학자들이 직접 들려주는 우주 생명 이야기

지도 모른다는 두려움을 갖게 될 수도 있지만, 또 한편으로 이것은 그들이 전적으로 우리를 원한다는 의미이기도 하기 때문에 기뻐할 수 있다.

　UFO 현상을 다른 각도에서 보면 사실 그것은 사람들의 힘을 보여주는 것이다. 주류 과학자들은 외계인이 이 땅을 돌아다닐 것이라고는 믿지 않는다. 그러나 현대 과학의 쉽지 않은 개념과 난해한 수학에 익숙하지 않은, 대부분의 일반인들은 "외계인이 지구를 찾아오고 있다"는 주장을 믿고 거기에 힘을 실어주고 있다. 이것이 바로 전문가들보다 더 많이 알고 있다고 자부하는 사람들이 위치해 있는 매우 중요한 지점 가운데 하나이다. 그들은 외계인을 본 적이 있거나 전문가들이 아직까지 해답을 구하지 못하고 있는 중요한 질문에 대한 해답을 알고 있다. 이것은 다윗과 골리앗의 이야기를 연상시킨다. 그리고 여기서 골리앗은 바로 오만한 주류 과학자들이다(아니면 그렇게 인지되는 존재들이다). 이것이 바로 수많은 일반 대중이 "로즈웰 사건이 실제로 외계인과 연루되어 있는가", "하늘의 빛은 키 작은 회색인들을 가득 태운 우주선인가"와 같은 질문을 긍정적으로 받아들이는 이유인 것이다.

　외계인이 여기에 있다는 사실을 입증할 만한 인상적인 증거는 아직까지 나타나지 않았지만 결국 이러한 질문에 답할 수 있게끔 하는 증거는 제공될 것이다.

CHAPTER 5

외계인과 어떻게 연락할 수 있을까?

지금까지 우리는 외계인의 존재 가능성과 상상할 수 있는 범위 내에서 그들의 생김새를 논의하였다. 그러나 외계인이 저 너머 어딘가에 존재한다는 확실한 증거를 찾지 못하는 이상, 우리가 아무리 심사숙고한다 해도 그것은 어림짐작에 불과하다.

불행하게도, 증거를 발견하는 일은 어려울지 모른다. 외계인이 별 사이를 여행하면서 지구에 신호를 보내지 않는 한 우주의 친구에 대한 명백한 실마리는 존재하지 않을 것이다. 천문학자 프리드리히 베셀Friedrich Bessel은 1863년에 맨눈으로는 겨우 보이는 희미한 별인 '백조자리 61번61 Cygni' 이 얼마나 멀리 떨어져 있는가를 측정했는데, 그가 바로 '성간 거리는 얼마나 넓은가' 하는 호기심을 실제로 해결해준 최초의 인물이다. 그는 10광년* 혹은 100조 킬로미터라고 측정하였다. 이것은 달까지 가는 거리의 2억 배에 해당하는 것으로 믿을 수 없을 만큼 매우 먼 거리이다. 하지만 사실 백조자리 61번은 지구에서 가장 가까이 있는 별 중 하나이다. 우주

* 사실상 현대 값으로 환산하면 그보다 약간 먼, 약 11.2광년이다.

는 사람을 침울하게 만들 정도로 크다. 좀더 과장해서 말하자면, 우리와 가까운 우주에 대한 예비 조사는 허무한 공상일 수도 있다. 물론 최근까지는 그랬다는 말이다.

한편 외계인이 우주에 존재한다는 사실을 밝히는 일은 그리 오래 걸리지 않을 수도 있다. 지난 50년 사이에 발전한 기술은 그 먼 거리에도 불구하고, 마침내 우리에게 외계인과의 접촉 가능성을 제공해주었다. 오늘날 연구자들로 구성된 소집단이 그 가능성을 '사실'로 바꾸기 위해 노력하고 있다.

별나라를 여행하는 방법

우리가 앞장에서 논의했던 것처럼, 외계인이 실제로 지구에 왔다는 것은 매우 믿기 어렵다. 적어도 현재로서는 그렇다. 그런데 만약 외계인이 우리를 방문하지 않았다면, 우리가 그들을 방문해볼 수는 있지 않을까? 이러한 생각이 공상과학 영화의 소재가 되어 끊임없는 인기를 끌고 있다. '스타 트렉'에서 '스타 워즈Star Wars'에 이르기까지, 인간은 외계인에 대한 상상을 통해 결코 가본 적이 없는 곳을 과감하게 가고 있다. 여기서 생각해볼 논쟁점은 '과감하게 가보는 것'이 아니라 '이왕이면 가본다는 것'에 있다. 인간이 가장 먼 우주로 모험을 한 곳이 달인데, 그 거리는 런던과 뉴욕 간 거리의 100배밖에 되지 않는다. 이 정도는 우리의 남은 생애 동안 충분히 갈 수 있는 거리이고, 어쩌면 이보다 훨씬 더 먼 거리로 가볼 수도 있다. 또한 지금까지의 달 여행은 흰색 복장의 우주 비행사들에게 엄청난 노력을 요구했고, 막대한 자금을 필요로 했다. '붉은 행성' 화성에는 로봇 우주선을 보냈을 뿐, 아직 유인 우주선은 발사하지 못했다. 왜냐하면 이 일은 매우 신중을 기해야 하는 동시에 막대한 비용이 소요되기 때문이다. 어쩌면 화성으로의 유인 우주선 발사는 향후 20년 동안은 성사되지 못할 수도 있다.

» 화성보다 100배 이상 가까운 거리에 있는 달은 인간이 현재 유일하게 방문한 천체이다.

우리가 할 수 있는 가장 빠른 로켓 여행이라고 해도 그 속도는 초속 15 킬로미터 정도이다. 이 속도로 명왕성에 도착하려면 대략 12년이 걸릴 것이고, 백조자리 61번을 여행하려면 2,000세기 이상이 걸릴 것이다. 그것은 당신이 비좁은 자리에 앉아 전자 레인지로 데운 저녁을 먹어도 좋다고 우기며 갈망하기에는 너무나 긴 시간이다. 따라서 이것은 우주선에 액자를 붙이거나 녹음기를 달아 그것으로 외계인과 접촉하려는 시도가 얼마나 효과적일지를 고려할 때 반드시 염두에 두어야 할 사항이다. 가스로 이루어진 태양계 외곽의 거대한 행

» 보이저 호에 설치된 그리팅 카드는 내부에 있는 LP 레코드 작동 방법에 대해 안내해주고 있다. 그러나 이런 레코드 플레이어를 이용하는 지구인들이 오늘날 얼마나 될까?

성을 연구하기 위해 1970년에 발사된 파이오니어 10호와 11호, 그리고 두 대의 보이저 호에는 모두 외계인에게 보내는 '그리팅 카드greeting card' 가 부착되었다. 사람들은 우리와 우리가 살고 있는 지구 사진, 잘 골라낸 음악과 목소리로 이루어진 이 메시지가 그들에게 우리에 관한 정보를 제공해주기를 희망하고 있다. 그러나 이렇게 느린 메일 커뮤니케이션이 별에까지 도착하려면 우선 엄청난 시간이 필요하고, 검디검은 우주의 바다에서 이들이 발견될 확률은 더더욱 적을 것이다.

따라서 우리의 하드웨어를 싣고 별에 다다르기 위해서는 산업이 고도로 발달할 때까지 인내심을 갖고 기다려야 한다. 이러한 실망스런 상황에서 벗어날 수 있는 확실한 방법은 더 빠른 로켓을 만드는 것이다. 물론 이것은 가능한 일이다. 그런데 초고속 로켓, 즉 한평생을 마치기 전에 우리를 별 근처에라도

데려다줄 수 있는 로켓을 만든다는 것은 무척 어려운 일이다. 텔레비전용 공상 과학 영화에서 옥의 티가 될 만한 소재를 끄집어내는 사람들 대부분은 초고속 로켓 제작이 힘든 이유는 그저 공학적인 문제 때문이라고 가정해버린다. 그래서 그들은 우리에게 필요한 것은 보다 발전된 기술을 기다리는 것뿐이며, 나중에는 결국 초고속 우주선을 만들어낼 수 있을 것이라고 생각한다.

그러나 이 시나리오는 물리학의 방해로 인해 잘 이루어질 것 같지 않다. 50년 안에 가장 가까운 별에 도착하려면 빛의 10퍼센트 속도로, 혹은 이보다 더 빠르게 관성慣性 비행을 할 수 있는 로켓이 필요하다. 100톤 무게의 우주선 속도를 갑자기 엄청나게 높이고, 목적지에 도달할 즈음에는 다시 속도를 줄여 로켓을 멈추게 하려면 에너지가 필요하다. 그 에너지량은 현재의 사용량에 근거해볼 때 런던 시가 향후 10년간 사용하게 될 에너지량과 맞먹는다. 우주에 웜홀을 건설하는 것이나 마찬가지인, 보다 이색적인 추진력 계획안이 공상과학 소설에서 종종 묘사되곤 한다. 그러나 그러한 고속의 여행 방법이 가능하다 하더라도 웜홀을 건설하려면 상상을 초월할 정도의 방대한 에너지 공급이 필

요하기 때문에 이 방법이 실현될지는 미지수이다.

좀더 보수적인 제안도 있다. 워프 스피드 로켓[1]에 대한 생각은 다 잊고 그저 여유 있는 레저 여행이나 떠나보자는 것이다. 먼 훗날에, 고도의 훈련을 받고 충분한 동기를 마음에 품은 우리의 후손들이 누군가가 살고 있을 미지의 세계에 착륙하기를 고대하면서 자신들이 탈 거대한 왕복 우주선을 만들고 있는 모습을 한번 상상해보라. 어쩌면 이것은 매우 간단한 계획안인 듯 보일지도 모른다. 그러나 대다수의 사회학자들은 아무리 많은 대원들이 탑승하더라도 몇 세대에 걸쳐 우주 상자에 갇혀 지낸다면 그 생존 가능성을 장담할 수 없다고 말한다. 지구에서의 경험에 비춰보면, 지구 바깥에 가더라도 사람들은 라이벌 관계에 있는 집단으로 곧 나뉠 것이다. 고귀한 모험을 하는 동안에도 사람들은 평화롭게 협력하기보다는 그 우주선을 자신이 통솔하기 위해 다른 사람에게 강요나 폭력을 행사하다가 자멸할 수도 있을 것이다. 또한 1세대를 잇

1) warp speed rockets : 공간 워프 현상을 이용한 로켓.

는 다음 세대들이 이 항해에 대한 사명을 단지 문서로만 읽게 된다면, 앞 세대처럼 새로운 세계를 탐험하려는 흥미를 느낄지, 그에 필요한 기술을 갖고 있을지도 확신할 수 없다. 어쨌든 그들이 성간 공간^{interstellar space}을 여행하는 것은 가능할지 몰라도, 우주에서 우리가 외로운 존재인가의 여부를 증명해낼 지름길을 제공해주지는 못할 것이다.

>> 몇 세대에 걸쳐서 인간을 별에 데려다줄 우주선.

현 세대가 살아 있는 동안에는 인간을 별에 보낼 수 없다. 그리고 우리가 이미 4장에서 논의했던 것처럼, 현재로서는 외계인이 우리의 이웃이라고 할 만한 확실한 증거가 전혀 없다. 그렇다면 지성체가 우주에 거주하는지 여부를 알 수 있는 다른 방법은 없는 것일까?

아마도 있을 것이다. 우리는 증거, 즉 특정한 종류의 거대한 물체(초대형 외계인 공학 프로젝트의 산물)를 찾고 있다. 그리고 멀리 떨어져 있는 그 사회가 의도했든 안 했든 간에 우주로 방송을 보내고 있을지도 모른다고 생각하며, 그 신호에 대한 증거를 찾아보려고 한다.

이제 우리가 찾게 될지도 모르는 그 물체, 즉 외계인의 존재를 드러내줄 어떤 물체에 대해 먼저 생각해보자.

외계인이
버린 쓰레기를
찾아라?

호모 사피엔스는 수십만 년 동안 발을 질질 끌며 지구 표면을 걸어왔고, 정부의 '쓰레기 버리지 않기' 운동에도 불구하고 인류가 존재했다는 것을 증명하기 위해 수많은 잔해들을 남겨왔다. 로마의 유적, 중국의 만리장성, 교외의 주거지 등 땅 위에 퍼져 있는 대규모 건설 사업을 한번 생각해보라. 이런 건축물들 대부분은 수천 년이 지나면 몇 톤 정도는 붕괴될 것이다. 특히 일반 주거의 경우는 더 빨리 붕괴될 것이다. 그리고 마침내는 인류의 문화유산 대부분이 더는 존속하지 않게 될 것이다.

사이다 캔에서 떼낸 알루미늄 마개를 떠올려보자. 그것은 달 위에 버려진 우주선과 처지가 비슷한데, 날씨에 구애받지 않는 달에서는 표면 위의 물체가 쉽사리 부식되지 않는다. 그렇다면 이와 마찬가지로, 썩지 않는 쓰레기들이 우주를 둥둥 떠다니며 우리가 발견해주기를 기다리고 있는 것은 아닐까? 우리는 과연 외계인의 쓰레기를 찾아낼 수 있을까?

분명 가능성 있는 이야기이다. 우리의 태양계가 형성된 지 수십억 년이 되었으니, 오랜 옛날 외계인 여행자들이 '미묘한 명함' 같은 것을 남겨놓았을 수도 있다. 아서 클라크^{Arthur C. Clarke}가 자신의 소설 《2001 스페이스 오디세이^{A Space Odyssey}》에서 세운 가설처럼, 그들은 달 위에 암석으로 된 기둥을 숨겨놓았을지도 모른다. 아니면 화성에 대한 우리의 관심을 집중시켰던, 그러나 평은 그리 좋지 않았던 '얼굴' 같은 것을 만들어놓았을지도 모른다. 전자^{前者}는 우리가 그다지 열심히 살펴보지 않았고, 후자^{後者}는 외계인이 조각한 것이 아니라 자연적으로 생겨난 지질학적 특징임이 거의 명백히 밝혀졌다. 아직까지 우리는 그들의 인공산물^{artifacts}을 찾아보는 것이 합리적인 생각이라고 여기고 있으며, 다양한 연구자들이 우리의 태양계에서 외계인의 로봇 우주선, 우주의 심연 속에서 고성능의 성간 로켓들, 혹은 이웃한 다른 별들에서 육중한 건축 프로젝트라도

발견할 수 있지 않을까 계속 고심중이다.

　　첫 번째 개념이 갖고 있는 문제점은 우주선을 비롯한 인공산물은 차보다 크지 않은 데 비해 태양계라는 장소는 매우 넓다는 것이다. 즉 외계인이 만들어낸 인공산물을 찾기 위해 그 넓은 태양계를 샅샅이 수색하기란 보통 어려운 일이 아니라는 것이다. 성간 로켓을 발견하기가 어려운 이유로는 두 가지를 들 수 있다. 첫째, 우리가 어디에 가서 찾아야 할지를 모른다는 것. 둘째, 아무리 뛰어난 우주선이라 할지라도 그러한 물체를 바로 간파하기는 어렵다는 것. 외계인의 우주 공학 프로젝트 가운데 우리는 과연 어떤 종류의 것을 발견할

외계인은 우리의 하늘을 활주하듯 떠다니지 않는다. 그럼에도 불구하고, 몇몇
외계인은 이웃인 우리를 방문하여 자신의 흔적을 남길 수 있을까? 최근 일부
사람들은 그런 일이 실제로 일어났다고 주장하고 있다.

1976년 7월에 나사의 화성 탐사선인 바이킹 궤도선 1호는 바이킹 착륙선의 2차
착륙 지점을 찾기 위해 화성을 선회하고 있었다. 보다 나은 위치는 사이도니아
Cydonia로 알려진 화성의 북부 지역이었다. 이 궤도선은 예비조사를 하던 중 사진

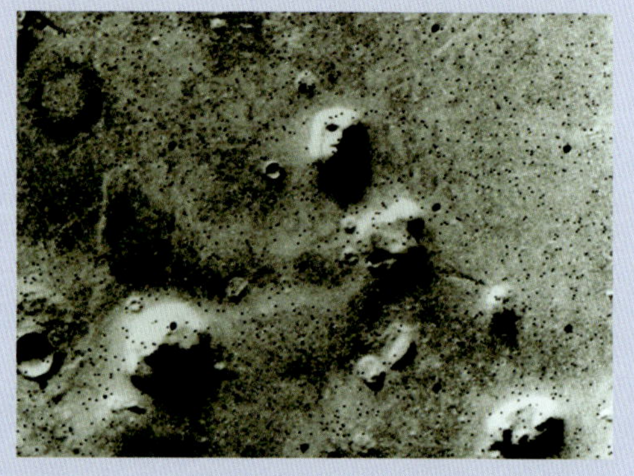

을 보내왔는데, 그것은 서로
떨어져 있는 메사[2], 혹은 탁
자 모양의 구릉에 드문드문
점을 찍은 것 같은 지형이
있다는 것을 보여주었다. 그
런데 이러한 지형물 가운데
하나가 놀랍게도 인간의 얼
굴 모양을 하고 있었다.

나사의 과학자들은 그 우습
게 생긴 모양새가 일반인들에게 즐거움과 흥미를 느끼게 해줄 것이라고 생각하
고는 그것을 사진으로 찍었다. 그 다음주에 그 사진은 기사와 함께 신문에 게재
되었다. 기사 내용은 이렇다. "이 사진은 침식된 메사 유형의 지형을 보여준다.
중앙에 있는 것은 커다란 암석으로 이루어져 있는데, 인간의 얼굴을 닮은 이것
은 그림자로 인해 눈, 코, 입이 있는 듯한 환영을 불러일으킨다."

그런데 나사가 놀랄 정도로, 일반인들은 이 화성인의 얼굴을 결코 '환영'이라고
생각지 않았다. 일부 사람들은 그것이 실제 얼굴이라고 주장하였다. 즉 우리가
화성에 로켓을 쏘아올려 이른바 '화성의 얼굴'이라고 부르는 것을 발견할 정도
로 발전했을 때, 외계인이 인간의 관심을 끌기
위해 만든 '인공 건축물'이라는 것이었다. 그후　　　[2] 침식으로 생긴 탁자 모양의 대지.

22년 동안 화성의 얼굴은 라디오에서 공상과학과 관련된 이야기를 할 때마다 빠지지 않는 주제였고, 인터넷에서는 이 주제를 가지고 격렬한 토론이 벌어지기도 했다. 그것은 과연 실재일까, 아니면 단순한 시각적 환영일까? 이 '얼굴 논쟁'은 사하락 사막의 모래 열기보다 더 뜨겁게 계속되었다.

그후 1998년, 마스 글로벌 서베이어 호가 바이킹 호의 오래된 사진보다 10배나 더 상세한 얼굴 사진을 새로 찍었다. 누가 봐도 이 사진 속의 '그것'은 그저 자연적으로 우뚝 솟은 산에 불과했다. 그러나 "이 새로운 사진도 화성의 희미한 구름 사이에서 찍힌 것이기 때문에 그 구름 뒤에 무엇이 감춰져 있을지 누가 아느냐"는 주장이 끊이지 않았다. 화성의 얼굴을 지지하는 사람들은 나사가 말 그대로 "사실을 은폐하려 하고 있다"고 주장했다. 그러나 사실 상당수의 나사 연구자들은 화성의 얼굴이 예산을 확보할 수 있는 확실한 무기가 될 수 있기 때문에 그것이 외계인의 인공 건축물이기를 간절히 희망하였다. 화성의 다른 이미지를 조사하고 있을 때, 일부 사람들은 화성 표면에서 도시 전체와 피라미드, 그 밖의 구조물까지 볼 수 있을 것이라고 주장했다.

화성의 얼굴을 놓고 외계인이 우리에게 보내는 신호의 한 방법이라고 하는 것은 말이 안 된다. 실제로 외계인 건축가가 그 얼굴을 만들었다면, 그들은 수십만 년 전부터 그 일을 계속 해왔어야 한다. 호모 사피엔스의 역사는 그리 길지 않다. 예컨대, 만약 외계인이 1억 년 전에 화성을 방문했다면, 그들은 아마 공룡의 얼굴을 만들었을 것이다. 그런데 인류가 출현하자마자, 그들이 화성을 방문해서 인간의 얼굴을 새겨놓았다니, 오히려 그것이 더 이상하게 들리지 않는가?

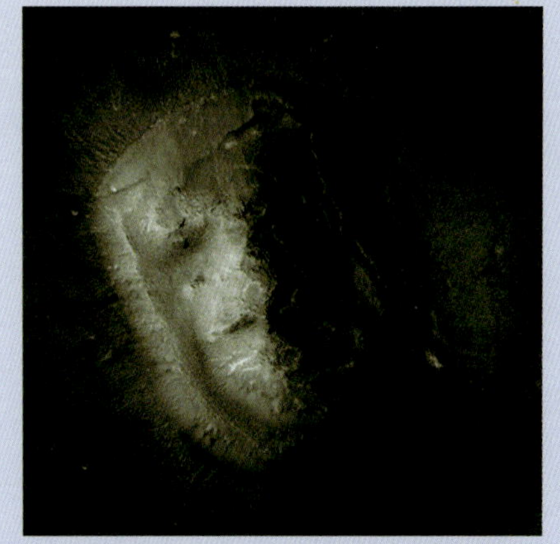

붉은 화성에 있는 얼굴 모양의 지형에 대한 논쟁은 최근에 들어서

수 있을까? 분명한 점은, 만약 일부 진보한 외계인들이 정확한 기하학적 패턴으로 자신과 이웃해 있는 별들을 재배열한다면, 그렇게만 해준다면 그 외계인들은 그것으로 우리의 관심을 끌 수 있으리라는 것이다. 하지만 외계인들이 무엇을 만들건 간에 우리가 그것을 인식하기란 매우 어려운 일이라는 가정이 가장 적절할 듯하다.

외계인에 의해 인공산물이 만들어졌는지 여부를 추적하는 과정에서 이 연구의 열정은 한풀 꺾여버려 현재로서는 불확실한 상태가 되었다. 더구나 대부분의 연구자들은 이 연구를 어떻게 시작해야 할지조차 몰라서 난감해하고 있다. 그러나 이 연구는 외계인을 발견하는 다른 방법, 즉 '신호를 찾는 일'과는 무관하다.

외계의 메시지를 기다리는 사람들

4장에서 언급한 것처럼, 우리와 멀리 떨어져 있는 외계인의 관점에서 볼 때 인간이 지구에 존재한다는 가장 명백한 실마리는 우리가 우주로 끊임없이 보내는 라디오와 텔레비전의 신호들이다. 그러한 방송은 대도시에 광범위하게 퍼져 있는 사람들에게 도달될 수 있도록 일반적으로 지평선을 향해 발사되고 있다. 그러나 그 신호는 직선으로 전달되므로 결국 시골집의 지붕이나 안테나 위, 혹은 별을 향해 떠다니게 된다. 우리의 방송 역사가 약 70년 가량 되었으니 초기에 송신된 전파는 약 70광년까지 전달되었을 것이다. 시간이 지나면 지날수록 수많은 전파로 가득 차 있는 천체의 범위가 계속 넓어지겠지만 아직 1만 개의 항성계에까지는 미치지 못했다.

이렇게 송신된 전파들은 과연 얼마나 멀리까지 갈 수 있을까? 이 전파들은 실제로 끝없이 계속해서 나아갈 수 있다. 그러나 이 전파들은 넓디넓은 우주를 계속 채워나가기 때문에 거리가 멀어질수록 신호는 점점 약해진다. 실제로 일반적인 텔레비전 신호가 가장 가까운 별에 도착할 때쯤이면 그것은 너무나 희미해져서 신호를 포착하기 위해 수천 에이커에 달하는 보기 흉한 안테나가 필요하다.

우리가 말하고자 하는 핵심은 이것이다. 지구의 텔레비전 문화가 우주로 방송되는가는 여기서 중요하지 않다. 다른 은하의 시민들, 우리의 역사보다 더 유구한 역사를 가진 시민들이 자신들의 문화를 방송하고 있을까 하는 점이 중요하다. 실제로 어떤 사회는 수천 년 동안 전송을 해왔을지도 모르는 일이다. 게다가 그들이 의도적으로 다른 세계와의 접촉을 시도하고 있다면, 그들은 분명히 전파의 초점을 맞추기 위해 커다란 전파 안테나와 지구에서 레이더를 설치할 때 이용하는 기술을 사용할 것이다. 큰 전파 안테나를 가지고 전파 에너지를 모은다면, 그들이 전파를 보내고자 했던 목적지에 닿는 신호의 힘이 크게 증가할 것이다.

1959년에 미국 코넬 대학교의 물리학자 두 사람이 이런 개념과 관계가 있는 숫자를 산출해냈다. 놀랍게도 그들은 우리의 가장 강력한 레이더 설비가 수 광년이나 떨어진 곳에서도 잘 감지될 수 있는 신호를 보낼 수 있다는 사실을 측정하였다. 만약 당신이 그러한 신호를 포착하려면 '전파 망원경'이라고 알려진 도구를 사용하면 된다. 전파 망원경은 특정한 수신자를 연결해주는 초대형 안테나의 의미 외에 그 이상도 그 이하도 아니다. 지구에서 전파 망원경

« 웨스트버지니아 주의 그린 뱅크에 있는 140피트 전파 망원경.

은 펄서[3], 퀘이사[4], 성간 가스 등으로부터 오는 우주의 신호를 측정하기 위해서 천문학자들이 매일 사용하는 것이다. 코넬 대학교의 물리학자 두 사람은 이 안테나가 항성계 부근에서 방송을 하고 있는 외계인의 레이더 설비를 찾는 데에도 쓰일 수 있다는 것을 깨달았다. 이 망원경들은 저 너머에 누군가가 존재하는지 여부를 우리에게 알려줄 것이다.

　　누군가가 자신의 생각을 시험해보기까지는 그리 오랜 시간이 걸리지 않았다. 1960년 봄에 프랭크 드레이크Frank Drake라는 이름의 한 젊은 천문학자는 외계인을 찾는 데 전파 망원경을 사용한 최초의 인물이 되었다. 드레이크는 당시 26미터 안테나가 설치되어 있는 웨스트버지니아 주의 그린 뱅크 천문대에 고용된 신참이었다. 그 전파 천문대의 소장 역시 자신의 팀이 새로운 안테나를 활용하는 실험을 생각할 수 있게 독려하였다. 그래서 드레이크는 새로운 안테나를 활용하는 데 적합한 프로젝트를 한 가지 제안하였다. 즉 태양과 같은 항성 쪽으로 안테나의 방향을 바꾸면, 지성체가 살고 있는 행성으로부터 오는 인공 신호를 찾을 수 있다는 것이었다. 소장은 그의 생각을 인정해주었고, 드레이크는 외계의 방송을 듣기 위해 2~3주 동안 심혈을 기울였다. 그는 웨스트버지니아 주의 차가운 공기 속에서 망원경의 수신 주파수를 맞추기 위해 매일 아침 일찍 일어나야 했다. 그는 태양과 같은 항성으로서 지구에서 대략 12광년 정도 떨어져 있는 타우 세티Tau Ceti와 엡실론 에리다니Epsilon Eridani를 향해 안테나를 맞추었다. 그는 《오즈의 마법사》의 저자 프랭크 바움Frank Baum을 기리기 위해 그 동화에 나오는 공주의 이름을 따서 자신의 짧은 연구를 '오즈마Ozma 프로젝트'라고 불렀다. 이후부터 대부분의 세티 실험에는 '프로젝트'라는 단어가 접두사[5]처럼 따라붙거나 그 이름이 들어간 약어로 불리기 시작했다. 예를 들어 피닉스 프로젝트Project Phoenix, 아르거스 프로젝트Project Argus, 키클롭스 프로젝트Project Cyclops, 메타 프로젝트Project META, 베타 프로젝트Project BETA, 시

[3] pulsar : 전파를 규칙적으로 방출하는 천체의 하나로 강한 초신성 폭발 후에 생긴, 자기장을 가진 중성자별로 생각되고 있다.

[4] quasar : 아주 먼 거리에 있으면서 강한 빛과 전파를 방출하는 천체.

[5] 영어의 경우 그렇지만 번역을 하면 접미어처럼 된다.

그널 프로젝트[Project SIGNAL], 밤비 프로젝트[Project BAMBI] 등이 이에 해당한다.

　　드레이크의 실험은 이렇다 할 성과를 거두지는 못했다. 하지만 저 너머에서 보내는 신호를 통해 외계인을 찾으려는 최초의 연구였다는 데 의미가 있다. 외계인의 존재를 찾고자 했던 앞선 노력처럼, 드레이크의 실험은 특별한 망원경을 가진 천문학자와, ET를 찾을 수 있다는 희망을 가진 천문학자에게 모범이 되었다.

　　드레이크가 초기 연구에서 사용했던 실험 도구가 오늘날 세티의 전파 연구에서는 보잘것없어 보이지만, 세티의 연구자들은 대부분 드레이크와 같은 일을 열심히 하고 있다(도표 1 참조). 수많은 천문학자들이 여러 개의 망원경을 가지고 외계로부터 오는 신호를 밤낮없이 찾는 일이 일반인의 눈에는 괴팍한 짓처럼 보일 것이다. 그러나 진실은 그렇지 않다. 하늘을 레이더로 자세히 관찰하는 과학자의 수는 전체 과학자의 수와 비교할 때 매우 극소수일 뿐이며 전세계적으로 따져봐도 이런 과학자들은 수십여 명에 불과하다. 게다가 세티

【도표 1】 현재 실시하고 있는 세티 프로젝트

실험	기관	망원경	주파수 채널의 수	채널의 폭	웹사이트
피닉스 프로젝트	세티 연구소	아레시보 305m 전파 망원경	5,800만 개	1Hz	www.seti.org
세렌딥 4차	버클리 소재 캘리포니아 대학교	아레시보 305m 전파 망원경	1억 6,800만 개	0.6Hz	seti.ssl.berkeley. edu/serendip
남부 세렌딥	맥아더 소재 웨스턴 시드니 대학교	파크스 64m 전파 망원경	5,800만 개	0.6Hz	seti.uws.edu.au/m ain/serendip.htm
세티앳홈 (SETI@home)	버클리 소재 캘리포니아 대학교	아레시보 305m 전파 망원경	가장 좁은 대역폭을 활용하는 것으로 3,300만 개	0.07Hz 이상	setiathome.ssl. berkeley.edu
하버드와 프린스턴에 있는 광학 세티	하버드 대학교, 프린스턴 대학교	오크 리지 1.5m 망원경과 프린스턴 0.9m 망원경	가시광선	광대역(廣大域)의 광 펄스	seti.harvard.edu/o seti(하버드와 프린스턴에서 동시에 관찰)
버클리에 있는 광학 세티	버클리 소재 캘리포니아 대학교	레슈너 0.76m 망원경	가시광선	광대역의 광 펄스	seti.ssl.berkeley .edu/opticalseti

　세티 과학자들이 직접 들려주는 우주 생명 이야기

는 전파 실험을 할 때마다 장비를 빌려 쓰고 있다.

그들은 현재 보수적인 천문학 연구에 설계가 맞추어져 있는 거대하고 값비싼 전파 안테나를 사용하고 있다. 예를 들어, 현재 가장 복잡하고 정교한 세티 실험인 '피닉스 프로젝트'는 오스트레일리아와 웨스트버지니아, 푸에르토리코와 영국에 있는 안테나를 사용하여 진행중이다. 다른 사람의 망원경을 빌린다는 것은 자신의 망원경을 만드는 것보다는 비용이 덜 들어서 좋지만, 외계의 신호를 듣는 시간이 제한적일 수밖에 없다는 단점을 갖고 있다.

» 웨스트 버지니아에서 연구중인 프랭크 드레이크. 1960년에 그는 현대적인 세티 실험을 최초로 수행했다.

이러한 구속에서 벗어나는 한 가지 방법은 전통적인 은하나 펄서, 혹은 그 밖의 다른 연구를 한창 진행하고 있는 모든 망원경들을 이용하는 '피기백^{piggyback} 방식'을 취하는 것이다. 이것은 지나가는 차를 얻어 타는 히치하이킹과 다소 비슷하다. 히치하이킹은 차비를 절약할 수 있는 반면 본인이 직접 운전할 수 없기 때문에 목적지까지 질러갈 수 없다. 현재 세티의 두 가지 주요 전파 실험이 피기백 방식으로 이루어지고 있는데, 바로 '세렌딥 4차$^{SERENDIP IV}$'와 '남부 세렌딥$^{Southern SERENDIP}$'이 이 방식으로 연구가 진행되고 있다. 여기서 '세렌딥'이란 다소 어색하다는 의미를 지닌 말이지만 '우리 가까이에 있는 지능이 높은 주민들이 방출하는 외계 전파에 대한 연구^{the} Search for Extraterrestrial Radio Emissions from Nearby Developed Intelligent Populations'의 머리글자를 따서 만든 재치 있는 이름이기도 하다. '세렌딥 4차'는 푸에르토리코의 아레시

» '피닉스 프로젝트'의 로고.

일반적으로 세티 과학자들은 연구를 위해 거대한 크기의 전파 안테나와 원통 반사경 망원경을 이용한다. 이러한 도구를 사용하는 것은 동료 과학자에게 깊은 인상을 심어주기 위함이 아니다. 이런 전문적인 도구들은 그 규모가 워낙 커서 아주 희미한 신호까지 포착할 수 있기 때문이다. 게다가 이들은 더없이 정교하고 민감한 감지기를 갖추고 있다.

이렇게 최강의 준비를 갖춘 팀이 외계인의 신호를 찾기 위해 늘 애쓰고 있다면, 이런 노력이 발전소가 되어 아마추어들 또한 외계인의 신호를 경쟁적으로 탐색하도록 만들 수 있지 않을까?

사실 그렇다. 아마추어들이 천문학 분야에서 중요한 발견을 수없이 이뤄냈다는 것은 공공연한 사실이다. 예를 들면, 작은 크기의 개인용 망원경과 쌍안경만 가진 마니아들에 의해 새로운 혜성들 대부분이 발견되었다. 어떻게 아마추어들이 그렇게 많은 혜성을 찾아낼 수 있었을까? 그 이유는 첫째, 상당수의 아마추어들이 혜성을 찾고 싶어했기 때문에 여러 사람이 동시에 넓은 범위의 우주를 꼼꼼히 살펴볼 수 있었다는 것이다. 둘째, 혜성은 큰 망원경이 필요없을 정도로 밝기 때문이다.

이와 똑같은 상황이 세티에서도 이루어질 수 있다. 우리와 다른 문명 세계 가운데 일부가 간헐적으로 소리를 내는 방향을 조준한 채 거기서 오는 전파나 빛으로 된 강한 신호를 기다릴 수 있다. 체계적으로 우주의 좁은 지역을 정밀 조사하는 전문적인 세티 실험은 이렇게 일시적으로 나타나는 '번뜩이는 신호'를 쉽게 포착할 수 있다. 반면 전세계에 흩어져 있는 수많은 아마추어들은 세티에 비해 감도는 떨어지지만 보다 넓은 범위의 우주를 효과적으로 탐색할 수 있고 거기서 고성능의 소리를 감지할 수도 있을 것이다.

뉴저지에 있는 세티 리그^{SETI League}는 패기만만한 아마추어들이 진행하는 세티 실험 대부분을 운영하고 있다. 거의 24개국에 달하는 나라의 자원봉사자들만 해도 무려 100여 명 이상이 되는데 이들은 뒷마당에 설치한 위성 안테나를 이용하여 세티의 전파 실험인 '아르거스 프로젝트'에 참여하고 있다. 이 프로젝트에 참여하는 자원봉사자들은 각자 장비를 소유하고 있는데 그 비용은 수백 달러에서 수천 달러에 이르며, 개인이 가진 전문 기술에 따라 차이가 난다. 또한 세티 리그를 통해 자신의 연구가 다른 연구와 조화를 이루도록 하고 있다. 이 안테나의 지름은 대개 3~5미터이기 때문에 자원봉사자들은 대략 50개의 달이 들어갈 만한 크기인 4도 정도의 광범위한 하늘을 개별적으로 조사하게 된다. 대부분의 세티 실험과 마찬가지로, 그들도 점차 수신기를 1,400~1,700 메가헤르츠^{MHz} 근처에 있는 소위 '물웅덩이'라고 불리는 곳에 맞춰가고 있다.

» 세티 리그는 작은 크기의 개인용 망원경을 사용하여 외계인의 신호를 찾기 위해 아마추어 전파 천문학자들을 조직해왔다.

» 매우 작은 망원경의 포진(아마추어 세티 망원경은 세티 리그의 폴 셔츠가 만들었다).

아르거스 프로젝트는 관측자가 5,000명 정도 모집되기를 희망하고 있다.
만약 당신이 이 프로젝트에 대한 더 상세하고 많은 사항을 알고자 한다면 세티 리그의 웹사이트인 www.setileague.org에 방문해보라. 또한 초신성, 활발하게 움직이는 은하, 태양계의 자연스러운 몇몇 전파원을 연구하고자 한다면, 아마추어를 위한 전파 망원경을 제공해주는 단체와 자동으로 연결해주는 링크도 찾을 수 있을 것이다.
세티의 아마추어인 스튜어트 킹슬리$^{Stuart\ Kingsley}$(오하이오 주 콜럼버스에 사는)는 이 분야의 선구자이자 가장 뛰어난 광학 세티 챔피언 가운데 한 명이다. 이 사실은 주목할 만한 재미를 선사한다. 그러나 지구 근처의 항성계에서 나오는, 무척 밝지만 찰나적인 빛을 찾고 있는 아마추어 광학 세티의 수준은 아직까지 유아기에 머물러 있다. 아마추어 천문학을 위한 설비를 제공하는 회사들은 광학 망원경에 덧붙이는 장치, 즉 아마추어들이 우주에서 번쩍이는 빛을 찾게 해주는 장치를 곧 만들어낼 것이다. 결국 세티 연구에 참여할 수 있는 가장 쉬운 방법은 집에 있는 컴퓨터에 버클리에서도 유명한 캘리포니아 대학교의 세티앳홈SETI@home 스크린 세이버[6]를 설치하는 것이다.

[6] 사용자 컴퓨터에서 스크린 세이버가 작동되는 동안, 즉 사용자가 컴퓨터를 쓰지 않는 시간에 사용자의 시스템 리소스가, 세티앳홈의 외계 생명체 신호로 탐지된 데이터의 분석 작업 동력으로 사용되도록 하는 프로그램이다.

보에 있는, 일반 망원경보다 큰 전파 망원경 위에 추가 수신기를 달아서 기존 시설을 이용하고 있고, '남부 세렌딥'은 양‡의 나라인 오스트레일리아 시드니 서부에 위치하고 있는 64미터짜리 파크스 전파 망원경을 이용하는 것인데 세렌딥 4차와 유사하다.

다른 사람의 망원경에 편승하는 것은 많은 양의 데이터를 수집하는 탁월한 방법이다. 실제로 세티의 관측자들이 아니라 전파 천문학자들이 안테나의 방향을 결정한다고 해도 그것이 큰 단점으로 작용하지 않는다. 결국 신호를 발견하기 전까지 우리는 외계인들이 하늘의 어느 위치에 있는지 확신할 수 없으니까 말이다. 따라서 당신은 당분간 "내가 하늘을 보고 있는 이 장소가 다른 곳과 마찬가지로 괜찮은 곳"이라고 주장해도 상관없다. 다시 말해 당신이 오리들이 어디 있는지 모른다면, 공기중에 닥치는 대로 총을 쏘는 것이 어떤 점에서는 좋은 전략일 수 있다는 것이다. 그러나 모든 사람들이 이 점에 동의하지는 않는다. 앞에서 이야기한 것처럼 프랭크 드레이크는 제한된 관측 시간을 모두 태양과 같은 항성들을 관측하는 데 사용하였다. 당시 이것은 매우 합리적인 계획이었으며(실제로 태양은 생명체가 있는 것으로 판명된 행성 하나를 포함해서 여러 개의 행성을 갖고 있지 않은가!). 지금은 더더욱 그렇게 여겨지

고 있다. 1995년 이후 천문학자들은 태양
이외의 다른 항성 주변에 있는 행성을
발견해왔고, 그 항성들의 용적과 밝기가
태양과 유사하다는 것도 알게 되었다.
그래서 대부분의 천문학자들은, 태양과
같은 항성 부근으로 관심을 돌리는 것이
마땅하다는 드레이크의 가정에 대해 의
견을 같이하고 있다.

　　몇몇 세티 프로젝트들이 바로 이
러한 일을 수행하고 있다. 캘리포니아의
세티 연구소에 의해서 실시되고 있는 피
닉스 프로젝트는 우주의 뒷마당에 있는,
태양계 같은 항성계 1,000여 개를 철저히
조사하느라 여념이 없다. 여기서 '뒷마
당'이란 200광년 이내에 있는 우리은하

의 일부를 언급할 때 쓰는 표현이다. 200광년은 약 2,000조 킬로미터로, 이 정도
의 거리라면 상당히 큰 뒤뜰인 것처럼 들리지만 사실 우리은하 직경의 0.2퍼센
트밖에 안 된다.

　　망원경은 한 방향만을 향하도록 되어 있는데, 그렇다면 우리가 듣고 싶
은 소리는 어느 쪽에 있을까? 우리는 어느 주파수에 수신기의 파장을 맞추어
야 할까? 천문학자들은 우주에서 '스펙트럼의 마이크로파 지역'이라고 불리는
곳이 특히 조용하다는 것을 알게 되었다. 이곳은 1기가헤르츠^{GHz}에서 50기가헤
르츠 사이의 주파수 범위로, 위성 통신과 잔열을 찾는 특정한 목적을 위해 사
용되는 범위의 주파수 단위이다. 마이크로파 범위에서 낮은 주파수 쪽에 특정
한 관심을 갖게 하는 두서너 개의 주파수가 있는데 그것이 바로 1.4기가헤르츠
와 1.7기가헤르츠이다. 자연적인 우주 소음을 방출하는 성간 가스의 일부 얇은

» 캘리포니아 마운틴 뷰에 있는 세티 연구소는 우주의 생명체를 찾는 사람들의 고향이다.

층에서는 공통 성분을 가진 주파수가 몇몇 있다. 그 성분이 바로 수소$^{H;hydrogen}$와 산소$^{OH;hydroxyl}$ 라디칼^{radical}이다. 주로 생명체를 위한 필수불가결한 성분으로 묘사되는 수소와 산소 라디칼은 물을 형성하기 위해 결합하기 때문에, 1.4기가헤르츠와 1.7기가헤르츠

» 세티 연구소의 로고.

사이의 전파 신호는 종종 '물웅덩이$^{water hole}$' 라고 불린다. 지구의 전파 천문학자들은 오랫동안 이 주파수에 맞추어 신호를 보내왔는데 만약 외계에 천문학자들이 존재한다면 그들도 분명 우리처럼 했을 것이다. 우주인이라면 누구든지 1.4기가헤르츠와 1.7기가헤르츠로 표시되는 수신기를 가지고 있으리라고 가정한다. 따라서 '물웅덩이'는 분명히 성간 커뮤니케이션이 이루어질 가능성이 높은 주파수대일 것이다. 세티 연구자들이 오즈마 프로젝트 이후, 가장 자주

» 오스트레일리아의 뉴 사우스 웨일즈에 있는 파크스 관측소의 64미터 전파 망원경.

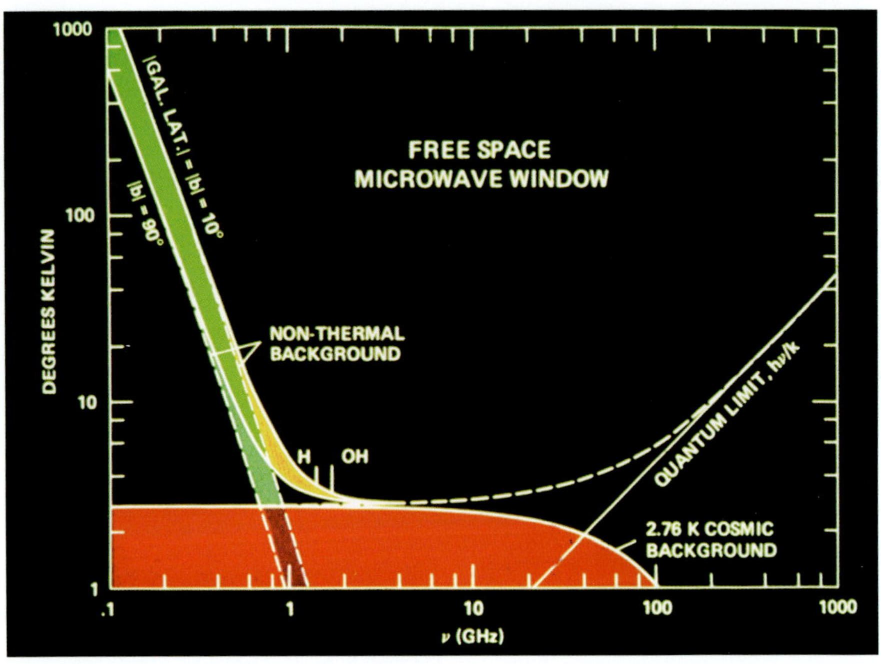

» 이 그림은 전파 신호상에서 얼마나 많은 우주 소음이 다양한 주파수 영역에 존재하는지를 보여준다. 우리는 여기서 'H'와 'OH'라고 쓰여진 지점을 포함한 매우 조용한 곳을 볼 수 있다. 이 두 글자는 각각 수소와 산소 라디칼을 가리키는데 이들은 자연적인 전파 소음을 급격히 방출해내는 주파수대와 일치한다. 그 사이의 주파수대를 우리는 '물웅덩이'라고 부르곤 한다.

주파수를 맞추는 곳이 바로 여기이다.

그러나 그들은 우리가 어느 쪽에 주파수를 맞춰주기를 원할까? 복잡한 신호에는 과연 외계인의 문화 정보가 가득 차 있을까? 명백한 수학적 급수^{級數}가 행성간 커뮤니케이션에는 모스 부호처럼 사용될까? 음조^{音調}는 재미와 동시에 정보를 줄 수 있도록 고안되었을까? 외계인의 텔레비전 광고도 빠른 속도의 자동차와 치아 보호 상품을 선전할까?

우리가 ET의 방송을 탐지해내기 전까지, 그리고 그것을 탐지해내지 못하는 한, 우리는 그 내용을 전혀 모를 것이며 앞으로도 알지 못할 것이다. 지금까지 세티 연구자들은 작은 영역에 한정되어 있는 신호를 찾도록 자신의 수신기를 프로그램해놓았다. 그들은 실제로 신호를 통해 외계의 메시지나 어떤 내용을 얻게 될 것이다.

세티 연구자들의 우선적
인 전략은 외계인이 이 세상에
존재하는가를 발견하는 것이다.
그런 다음에야 외계인이 대수학
algebra이나 예술, 혹은 마케팅용
과대 광고를 우리에게 보내는지
알아내는 데 필요한 설비를 만
들어낼 것이다.

» 피닉스 프로젝트의 일환으로 파크스 망원경을 사용
중인 세티 과학자 피터 보이스Peter Boyce와 질 타터Jill
Tarter, 그리고 피터 백커스Peter Backus.

우리는 외계인과
좀더 가까워졌을까?

오즈마 프로젝트가 최초로 외계인
의 방송을 엿들으려고 시도한 지
40년 이상이 흘렀다. 그간 세티 연구자들은 어떤 소리라도 들은 적이 있을까?

이미 밝혀졌듯이 그들은 온종일 신호를 듣고 있다. 유감스럽게도 그들
이 듣는 소리 중 외계인의 것은 하나도 없었다. 그들이 들었던 소리는 모두 지
상의 전파 송신기에서 나오는 단순한 전파 방해이거나 지구를 순회하고 있는
인공위성에서 나오는 원거리 전기 통신인 것으로 보인다. 그렇다면 세티 과학
자들은 목표에 가까워지기는 했을까? 그들이 만약 거대한 망원경을 하늘 위에
서 조작한다면, 비밀을 폭로할 수 있는 신호를 바로 포착할 수 있을까?

이것은 방대하고 염분이 많은 남태평양의 불모지 어딘가를 항해중인 제
임스 쿡에게 새로운 섬에 "근접해가고 있는가?" 하고 물어보는 것이나 마찬가
지이다. 정작 본인도 그 대답을 알 수 없는 것이다. 그러나 만약 그가 더 오랜
기간 연구하고 더 많은 물길을 다닌다면 새로운 섬을 발견할 확률도 더욱 높아
질 것이다.

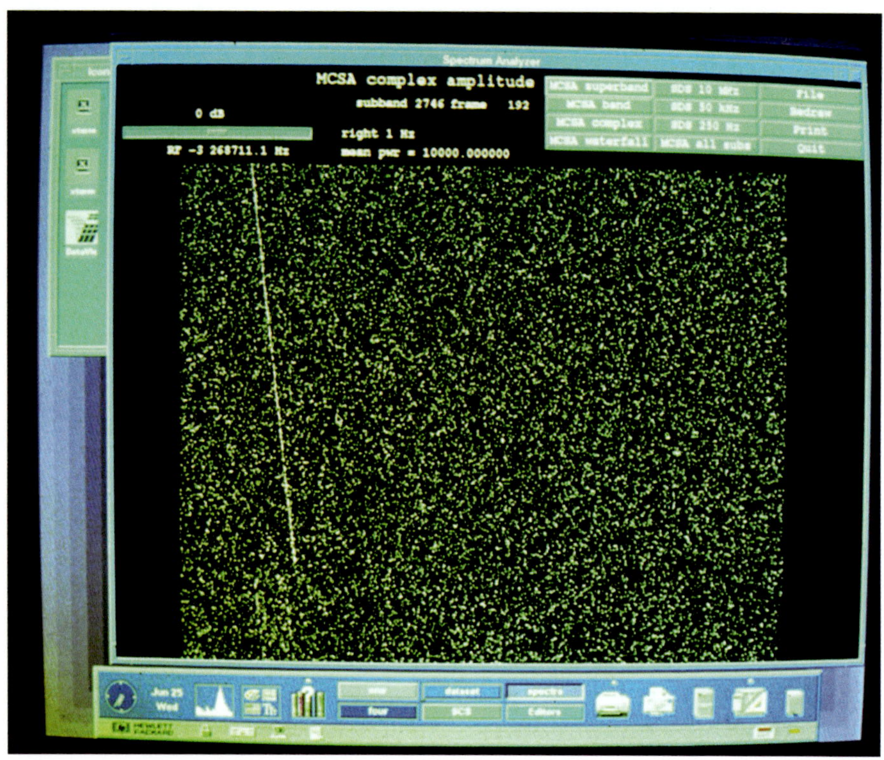

» 이 신호는 '외계에서 온 것'이다. 이것은 태양계 외곽을 돌고 있는 파이오니어 10호에서 나온 것인데, 1972년에 발사된 이 우주 탐사선은 현재 명왕성보다 1.5배 먼 곳에 위치하고 있다. 수많은 배경 잡음들과는 달리 전파 송신기에 의해 생긴 특이한 패턴을 뚜렷이 볼 수 있다.

세티 연구자들의 연구 영역이 이전보다 더 먼 우주의 바다까지 미치고 있다는 것은 의심의 여지가 없다. 실험의 감도^{sensitivity} 또한 증가하고 있다. 예를 들어, 피닉스 프로젝트는 베개 속에 들어가는 깃털보다 1조 배 정도 약한 전파 에너지까지도 수신할 수 있는 망원경으로 신호를 감지한다. 게다가 현재 새롭게 만들어지고 있는 장치들은 연구 속도를 더욱더 높여줄 것이다(7장 참조). 사고 가능한 존재가 지구라는 행성에만 자리잡고 있지는 않을 것이라는 사실을 우리는 조만간 알게 될 것이다.

세티에서 '위기일발'이란 엄밀히 말해 존재하지 않는다. 세티가 포착한 어떤 신호는 외계의 지성체가 만든 것일 수도 있고, 그렇지 않을 수도 있다.

실제로 세티의 연구자들은 외계에서 전송되었을 때 나타나는 현상을 닮은 신호를 자주 포착한다. 그들은 자신의 연구를 위해 커다란 안테나를 사용하거나, 외계인이 보내는 빛의 맥을 찾기 위해 거대한 광학 망원경을 사용하고 있다. 이러한 도구들은 놀라울 정도로 민감해서 연구자들은 자주 자연 현상이나 지구에서 발생하는 전파 잡음에 방해를 받지만 별로 대수롭게 여기지 않는다. 펄서로 알려진 '죽은 별'에서 만들어지는 신호는 너무나 일상적인 것이어서 그 신호가 처음 감지되었을 때, 과학자들은 그것을 'LGMs', 즉 "작은 초록 인간Little Green Men"이라고 농담처럼 이야기했다. 외계인 신호가 아닌 것을 인식하기란 매우 어려운 일인데, 세티는 최소한 아주 잠깐은 외계인 신호와 진짜 비슷한 신호를 발견하기도 한다.

그러한 발견 가운데 가장 유명한 사건이 지금으로부터 24년도 더 전에 일어났다. 세티는 오하이오 주 전파 관측소에서 빅 이어Big Ear 전파 망원경을 사용했는데, 과거에 파괴된 적이 있는 이 안테나의 한쪽 측면에는 포물선 모양의 거대한 반사경이, 또 다른 측면에는 편평한 반사경이 달려 있었다. 25년 동안, 빅 이어 전파 망원경은 외계인의 방송에 대한 연구를 지속적으로 수행하며 우주에서 들어오는 정적인 움직임을 자동으로 기록하고 인쇄하였다. 1977년 8월 17일에 천문학자 제리 에흐먼Jerry Ehman은 관찰된 움직임을 기록한 컴퓨터 인쇄 화면을 검토하다가 예기치 않은 강한 신호를 발견하였다. 당시 에흐먼은 그 신호에 너무나 강렬한 인상을 받아서 그 신호를 인쇄한 차트 용지에 "와우!Wow!"라고 적었다.

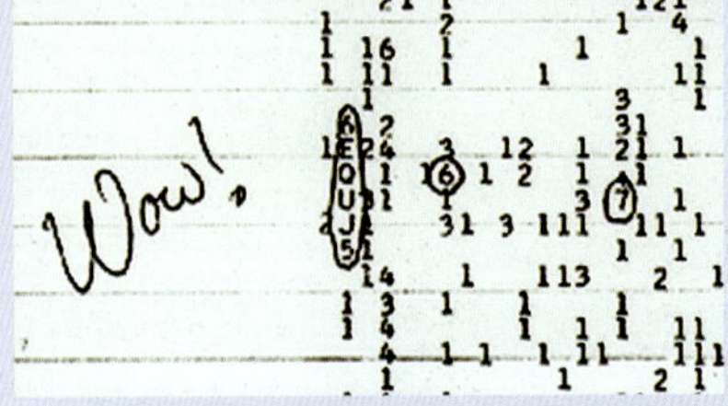

» '와우' 신호. 이것은 전파 방해일까? 아니면 잠시 ET가 우리와 통신을 한 것일까?

이것은 과연 ET의 부름이었을까?

아마도 그렇지 않을 것이다. 그 신호는 그 이후로는 전혀 발견되지 않았다. 최초로 감지된 지 몇 분 안 돼 빅 이어 망원경의 두 번째 빔이 자동적으로 동일한 관측 구역을 지나갔지만 아무런 신호도 감지되지 않았다. '와우' 신호와 같은 것을 감지하기 위해 뉴멕시코 주에는 대규모의 망원경이 배치되었고, 오스트레일리아에서는 직경 26미터의 안테나로 외계인 신호를 발견하기 위한 노력을 계속하였다. 최근에는 이와 같은 연구가 오하이오 주의 조사보다 훨씬 더 민감하게 이루어졌음에도 불구하고 아무런 성과를 얻지 못했다. 대신 '와우' 신호는 공상과학 소설과 인터넷 채팅 그룹의 주제가 되고 있다. 인터넷 채팅 그룹은 이 신호에 관심을 가진 아마추어들로 이루어졌는데 그들은 과학자들이 '와우' 신호와 같은 명백한 외계인의 증거를 무시하고 있다고 한탄한다. 그러나 단 한 번 발견된 신호만으로 외계인을 발견했다고 확신하기에는 충분하지 않다고 세티 연구자들은 생각하고 있다.

이와 유사하게 지금까지 감지된 다른 재미있는 신호를 모두 이야기할 수 있다. '메타 프로젝트'로 알려진 행성협회[7]의 연구에서 포착된 100개 이상의 신호가 여기에 해당된다. 이어서 이루어진 관측은 이와 같은 신호를 발견하는 데 실패하고 있다. 1997년에 웨스트 버지니아에 있는 43미터 전파 망원경을 사용한 피닉스 프로젝트는 외계인의 전송에서 나타나는 모든 특징을 가진 희미한 전파 신호를 우연히 감지했다. 우리가 예상하듯이, 이러한 신호가 감지되자마자 피닉스 연구자들의 심장은 마구 뛰었다. 이들은 거의 하루종일 그 신호가 지구에서 100만 킬로미터 이상 떨어져 있는 태양 연구 관측 위성인 소호^{SOHO}로부터 발사된 것인지를 알아내기 위해 매달렸다.

1998년에 한 인터넷 웹사이트는 페가수스 자리 EQ$^{EQ\ Pegasi}$ 별에서 나오는 세티의 신호를 영국의 한 엔지니어가 발견했다고 주장하였다. 이 주장은 사람들에게 흥미를 주었으나 일주일도 안 돼 이 신호가 단순히 짓궂은 장난에 불과했음이 밝혀졌다. 심지어 광학 세티

7) Planetary Society : 회원 10만 명을 보유하고 있는 민간 천문학 단체.

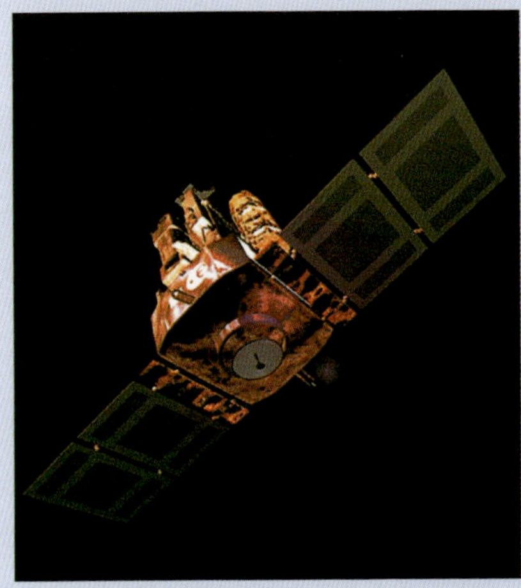

» 1995년 12월에 발사된 소호는 1996년까지 맡겨진 임무를 수행했는데, 그 크기는 거의 8미터에 달한다.

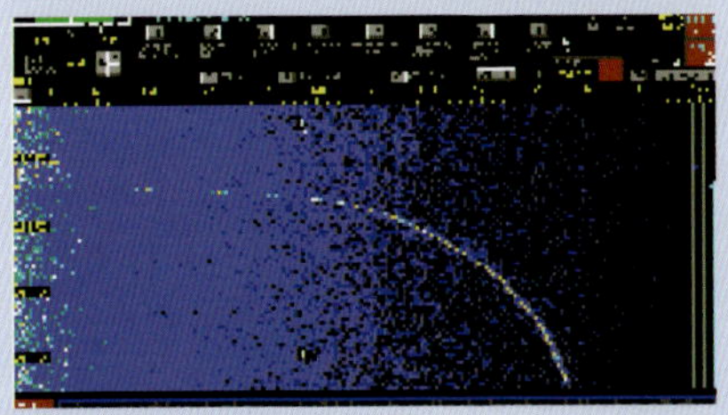

» 결국 황당한 사건으로 끝나버린, 페가수스자리 EQ 별 관측.

실험에서는 항성계에서 나오는 예기치 못한 섬광을 계속 눈으로 목격하였다. 그러나 지금까지 그러한 섬광 가운데 단 하나도 다시 나타나지 않았다.

결론은 간단하다. 어떠한 외계 신호든 그만한 가치가 있다. 그 신호를 확인하기 위한 노력이 영구적으로 반복되어야 한다는 사실만은 유명 뉴스 미디어에서 다뤄도 될 정도로 가치 있는 것이다. 그것이 바로 진지한 연구 방법이다. 물론 '와우' 신호나 우리를 곤란하게 만들었던 다른 신호들 중 하나가 실제로 외계 문명의 부름이었을 가능성도 있다. 그리고 천문학자들이 재차 그것을 확인하려고 했을 때, 외계인들이 자신의 송신기 스위치를 꺼버렸을 가능성도 있다. 하지만 과학자들은 그 점에 대해서는 매우 회의적이다. 만약 당신이 다른 항성 주변의 사회를 감지하여 중요한 사실을 주장하고자 한다면 그것을 증명할 만한 확고한 증거를 반복적으로 제시할 것이다.

번쩍이는 빛

우리가 존재한다는 신호를 우주 공간에 보내는 방법으로는 라디오 방송이 있는데, 이것이 유일한 방법은 아니다. 가시광선 영역의 빛도 그런 일을 할 수 있다.

이것은 합리적인 이야기이다. 무엇보다 우리는 오랫동안 지구에서 신호 체계로서 빛을 이용해왔다. 배에서 사용하는 전신기^{telegraphs}를 생각해보라. 그러나 명백한 문제점도 있다. 먼 거리의 항성계에서 나오는 인공 신호가 별빛에 의해 가려지지는 않을까? 별들은 오히려 적은 양의 전파를 방출하기 때문에 외계인의 방송을 방해하지는 않을 것이다. 그렇지만 태양과 같은 항성들은 눈을 현혹시키는 가시광선의 10^{26}와트 이상의 빛을 뿜어댄다!

따라서 이러한 항성의 빛을 무색하게 만들 정도로 강렬한 빛이 성간에서 만들어질 것이라고 생각하기는 힘들다. 하지만 그것은 실제로 그리 어려운 일이 아니다. 왜냐하면 별들은 모든 방향으로 빛을 발산하기 때문이다. 우리가 (혹은 외계인이) 할 수 있는 것은 목표로 삼고 있는 신호의 수신자 방향에 빔이 집중되도록 빛을 반사경이나 렌즈의 초점에 맞추는 것이다.

예를 들어, 우리가 고성능 레이저를 사용하여 1,000광년이나 떨어져 있는 항성계에 빛을 보낸다고 가정해보자. 만약 우리가 직경 1미터의 반사경이나 렌즈를 사용하여 그 레이저의 초점을 맞춘다면, 광선 빔의 크기는 1,000광년을 여행한 후에도 토성 궤도에서 측정한 우리 태양계 크기 정도가 될 것이다. 이 크기는 생명체가 거주 가능한 행성들에는 빛이 충분히 닿을 정도로 넓은 것이고 생명체가 전혀 존재하지 않는 세계에 대해서는 빛이 낭비되지 않을 정도로 좁은 것이다. 이런 크기로 초점이 맞춰진 빔은 전체 하늘의 1조분의 100 정도의 하늘만을 겨우 비춰준다. 따라서 우리의 레이저가 1조 와트 이상의 동력을 끌어낼 수만 있다면, 그 빛은 태양과 같은 항성처럼 밝게 빛날 것이다! 비록 우리가 최초의 레이저를 만든 지 겨우 45년밖에 안 되었지만, 이 정도 수준의 동력에 도달할 수 있는 레이저, 즉 최소한의 시간에 그 빛을 강하게 발산시킬 수 있는 레이저는 오늘날의 기술로도 가능하다. 그 번쩍이는 빛을 뿜어내는 설비를 만들어내는 것이 평범한 일에 지나지 않을 만큼 고도로 발달한 사회가 저 너머에도 존재할 것이 분명하다. 만약 우리가 이러한 일을 해낼 수 있다면, 그들도 할 수 있을 것이다. 따라서 이웃한 항성 방향에서 오는 빛을 찾는 일은 매우 그럴 듯해 보인다.

» 매사추세츠에 있는 오크 리지 관측소의 1.5미터 망원경을 통해 이루어지고 있는 하버드 광학 세티 프로젝트.

이것이 바로 미국의 몇몇 관측소에서 행하고 있는 일이다. 10억 분의 1초 정도의 매우 짧은 섬광까지 기록할 수 있는 빛 감지기는 전통적인 반사경 및 렌즈 망원경에 맞춤 설계되어 있다. 실제로 이 감지기의 용도는 우주선이나 천연 방사능을 인식해서 불필요한 것은 버리는 데 있다. 이미 수천 개의 항성이 조사되었다.

최종 결론은 무엇일까? 세티의 전파 실험에서 보았듯이 우리는 아직까지 우주로부터 명쾌한 신호를 받지 못했고 그러한 노력을 시작한 지도 얼마 안 되었다. 그러나 뛰어난 기술적 성능을 지닌 외계인의 존재에 대한 증거가 바로 내일 빔을 타고 도착할지도 모른다.

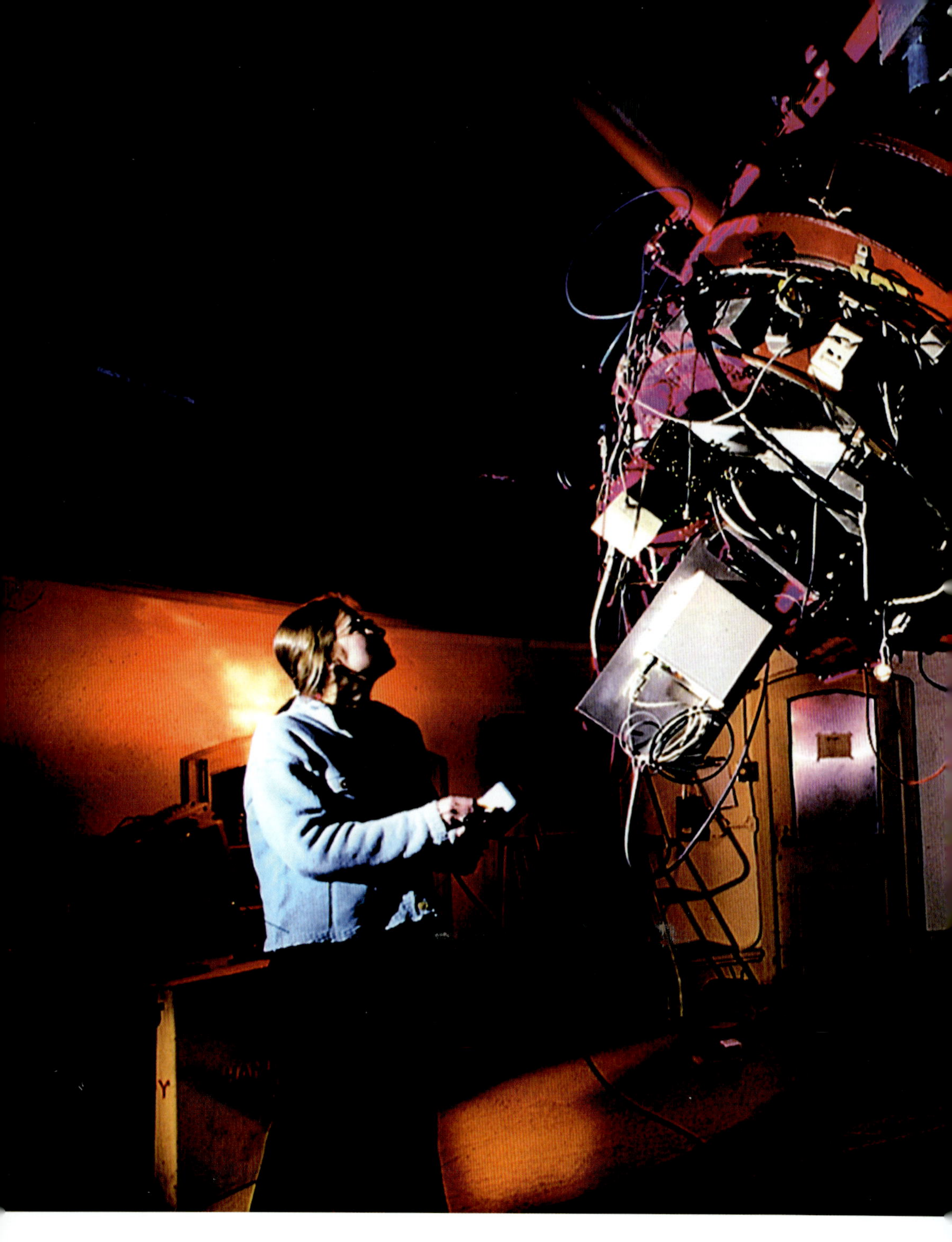

 세티 과학자들이 직접 들려주는 우주 생명 이야기

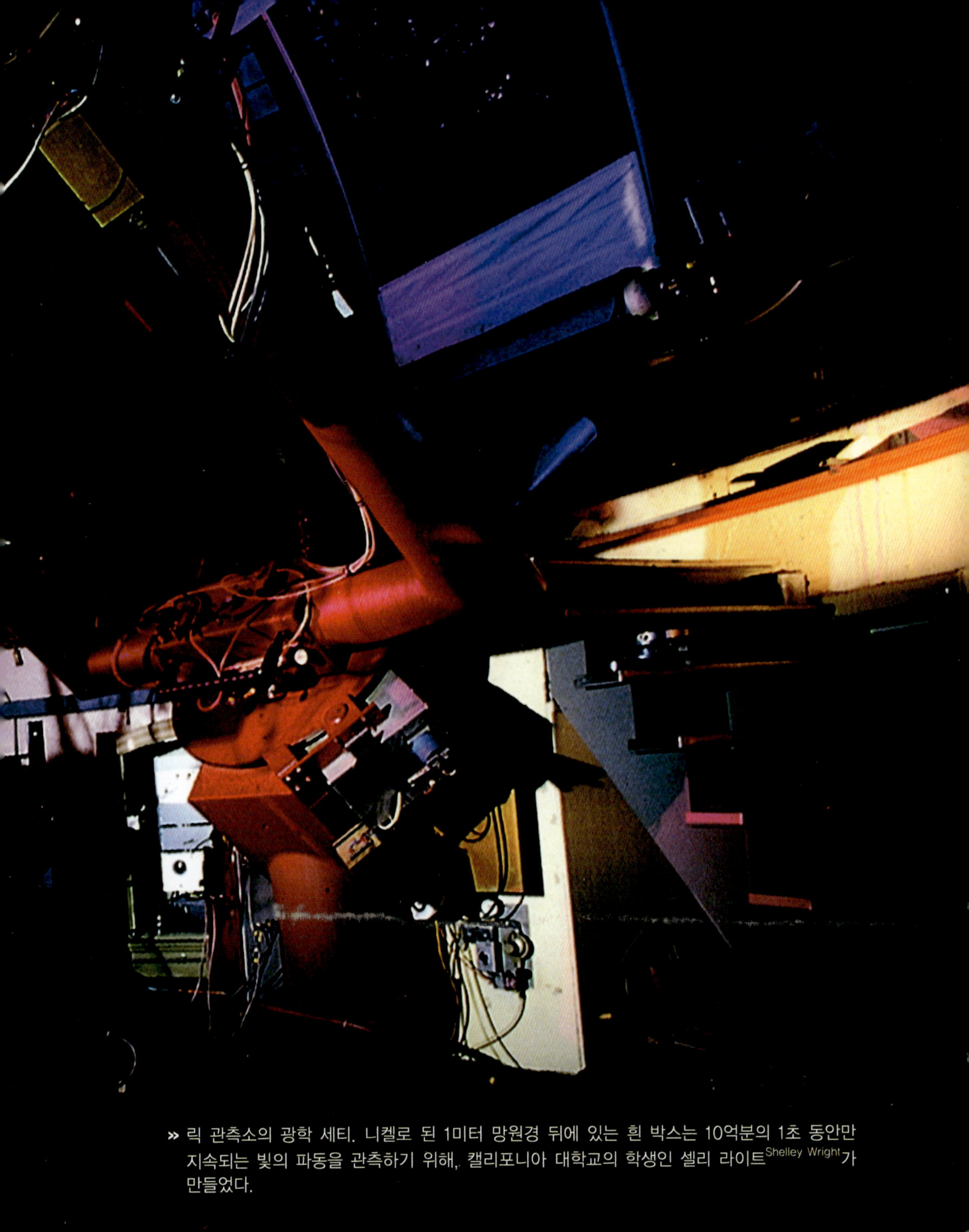

» 릭 관측소의 광학 세티. 니켈로 된 1미터 망원경 뒤에 있는 흰 박스는 10억분의 1초 동안만 지속되는 빛의 파동을 관측하기 위해, 캘리포니아 대학교의 학생인 셸리 라이트^{Shelley Wright}가 만들었다.

세티 전파 실험은 간단한 신호를 찾고 있다. 좁은 주파수대의 단일한 신호(만약 일반 오디오 시스템으로 그것을 재생시킨다면, 한결같이 순수 음색을 지닌 소리만 들릴 것이다)나 동일한 음이 천천히 울리는 것과 같은 간단한 신호(음이 들렸다 끊겼다 하는 소리) 말이다. 이러한 유형의 신호는 많은 정보를 전달해주지는 못한다. 그러나 최소한 다른 사람의 송신기가 '켜져' 있다는 사실은 알 수 있다. 이러한 전송이 전파 신호의 한 지점에 한정되어, 좁은 주파수대에서 잡힌다는 사실은 그 신호가 퀘이사나 펄서, 혹은 우주의 다른 천체에서 나오는 자연음과는 매우 다른 소리를 만들어낸다는 것을 뜻한다. 좁은 주파수대의 신호가 전파 에너지를 좁은 범위의 주파수로 모이게 하기 때문에, 일반적으로 우주의 정적인 잡음에 가려지지 않고 두드러지게 되는 것이다. 외계인이 이러한 유형의 신호를 보낸다면 훨씬 경제적일 것이고 우리는 그 신호를 좀더 쉽게 수신할 수 있을 것이다. 즉 이것은 모두에게 좋은 아이디어이자 관심 끌기에 좋은 방법인 것이다.

그러한 신호를 찾기 위해, 오늘날의 세티 실험은 동시에 1,000만 개 혹은 1억만 개의 채널을 통해 자세히 살펴보고 있다. 따라서 이 연구자들이 모으는 데이터 비율은 1초마다 CD 하나를 채울 정도로 그 양이 엄청나다. 이처럼 데이터 분량이 엄청나기 때문에 피닉스 프로젝트와 같은 실험은 특별한 목적에 의해 만들어진 정교한 계산용 하드웨어를 잘 유지시켜야 한다.

그러나 세티의 모든 실험에서 수집된 데이터가 곧바로 처리될 필요는 없다. 예를 들어, 아레시보 망원경 위에 피기백되어 있는 세렌딥 4차와 같은 프로젝트는 홍수처럼 밀려들어오는 비트를 즉시 소화할 필요가 거의 없다. 왜냐하면 피기백 방식으로 이루어지는 실험에서는 망원경이 몇 초마다 어느 지점을 목표로 해야 하는가를 통제하지 않기 때문에 이런 실험들을 통해서는 우주의 다른 부분에서 들어오는 데이터만 재빨리 얻으면 되는 것이다. 설령 신호가 곧바로 잡힌다고 하더라도, 망원경을 그 신호가 처음으로 발견된 하늘로 돌릴 때까지는 두 번째 관측 내용을 철저히 조사할 수 없게 된다. 결국 피기백 방식으로 실험을 계획하면, 조사 기간은 몇 달, 아니 몇 년이 걸릴 수도 있다. 따라서 신호의 처리가 실시간으로 이루어질 필요는 없다.

이러한 사실이 버클리의 캘리포니아 대학교에 있는 세티 연구자들의 연구 기획에 반영되어 세렌딥 4차가 구해낸 데이터의 일부를 현명하게 처리할 수 있게 도와주었다. 그들은 낮은 비율의 데이터를 250킬로바이트 단위로 쪼갠 다음 집에 있는 컴퓨터에 무료 스크린 세이버를 다운로드하는 일반인들에게 이 데이터를 배포해왔다. '세티앳홈'이라고 불리는 이 스크린 세이버는 컴퓨터를 켜둔 상태에서 우리가 식사나 목욕을 할 때에도 컴퓨터에서 작동하게 되어 있다. '세티앳홈'의 첫 번째 임무는 '워크 유니트$^{work-unit}$'라고 불리는 것을 컴퓨터 하드웨어에 다운로드시키는 것이다. 여기서 '워크 유니트'란 한 망원경에 수집된 데이터에 100킬로바이트의 부가 정보가 추가되는 것이다. 컴퓨터는 며칠 혹은 몇 주에 걸쳐서 이러한 신호 데이터를 신중하게 분석한다. 이때 걸리는 시간은 컴퓨터를 켜놓은 상태에서 사람들이 얼마나 오랫동안 컴퓨터 앞을 떠나 있었느냐에 따라 달라진다. 일단 데이터가 분석되면, 그 분석 결과는 인터넷을 통해 버클리에 있는 프로젝트 본부로 다시 전송된다. 그후에는 다시 다른 워크 유니트가 컴퓨터에 다운로드된다.

» 피닉스 프로젝트에서 사용된 디지털 수신기는 5,800만 개의 채널로 들어오는 우주의 전파 신호를 동시에 검토할 수 있다.

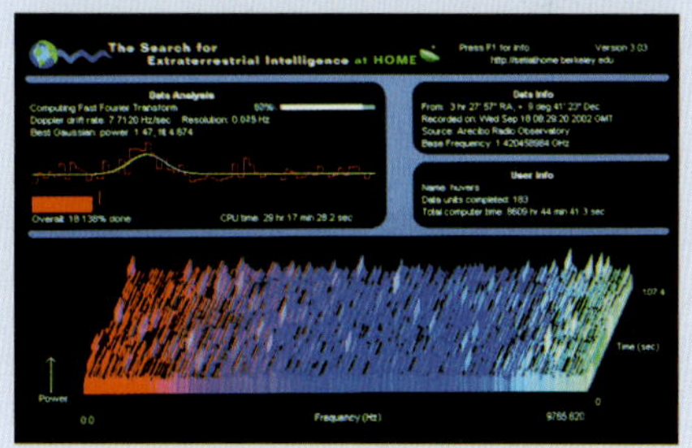

» 작동중인 세티앳홈의 스크린 세이버.

400만 명 이상의 일반인들이 세티앳홈을 다운로드했기 때문에, 각각의 데이터는 매우 신중하게 정밀 조사되고 있다. 그 스크린 세이버는 다양한(좁은) 주파수 대와 파동 비율, 그리고 주파수가 천천히 올라가거나 내려가는 신호를 찾아낸다. 수백만 대의 기계가 갖고 있는 막대한 컴퓨터 계산 능력으로 말하자면, 가장 단순한 유형의 신호를 찾더라도 세티앳홈이 하는 일상적인 작업보다 더 심도 있게 그 정적인 잡음을 파고들어갈 수 있다는 것이다.

물론 세티앳홈을 통해 즉각적인 만족감을 얻을 수는 없다. 왜냐하면 집에 있는 컴퓨터에 의해 비밀이 밝혀질 모든 신호는 최초로 발견된 지 여러 달 후에 같은 비트의 하늘에서 또 다른 관측과 비교될 필요가 있기 때문이다. 대부분의 신호(아마도 모든 신호)는 결국 위성에 의해서 만들어지는 지상의 전파 방해나 지구에서 만들어지는 다른 소음이라고 정의될 것이다. 2003년 3월에 세티앳홈의 과학자들은 몇 년 동안 이루어진 세티앳홈의 분석에서 가짜로 판명된 수백만 개의 신호 가운데 외계인의 신호와 가장 가까운 신호 166개를 신중하게 재조사했다. 역시 그 어느 것도 외계인의 신호가 될 수 없다는 결론이 나왔다. 그 신호들은 모두 지상의 전파 방해였다. 그러나 미래에는 누군가의 집에 있는 컴퓨터에서 발견된 '윙' 하는 희미한 소리가 다른 세계에서 온 것이라고 증명될지 모른다. 만약 그 신호를 발견한 것이 당신의 컴퓨터라면, 그때 당신은 어두컴컴하고 방대한 우주 공간 어딘가에 지적 생명체가 존재한다는 것을 역사상 최초로 증명한 사람이 될 것이다.

✳ 외계인의 소리를 듣는다는 것

영화에 나오는 세티 연구소 사람들은 라디오를 듣다가 외계인의 신호를 발견하는데, 이는 지나치게 단순한 상황 묘사가 아닐 수 없다.

영화에 비쳐지는 세티 연구자들은 약간 지루한 듯한 자세로 앉아 바로 곁에 있는 확성기나 이어폰을 통해 들려오는 우주의 소리를 탐색하다가 결국 외계인의 소리를 발견하기에 이른다. 신호가 갑자기 잡혔을 때(영화에서는 늘 갑자기 신호가

잡힌다), 세티의 연구자는 기묘한 소음에 경계 태세를 갖춘다. 그 다음 놀라서 커다래진 눈으로 재빨리 화면상에 그려진 그래픽을 검토한다. 그 그래픽은 히말라야의 측면도를 연상시키는 물결 무늬로 표시된다. 이 소리가 외계에서 온 것임을 확인한 그는 숨가쁘게 이 소식을 동료와 정부, 그리고 전세계에 널리 알린다.

그러나 실제로 세티 실험에서 감지된 신호는 그리 간단하지 않다. 가장 전형적인 실험은 수천만 개의 채널을 가진 수신기를 사용하는 것이다. 이 수신기로 인해 실험실은 모든 신호를 검토하기 위한 확성기나 이어폰이 든 손수레로 가득 차게 된다. 물론 오랜 기간 동안 신호를 경청해온 수백만 명의 관심 역시 그 방에 가득 차 있다. 사실 컴퓨터는 '듣는' 일을 수행한다. 그 임무를 하다 보면 외계인이 전송한 것처럼 보이는 소리를 발견하게 되는데 그때부터 세티의 연구자들은 괴로워지는 것이다. 만약 외계에서 오는 방송을 찾는 데 컴퓨터를 활용하면 그 과정을 단순화시켜 지루함을 덜 수 있다. 정적인 자연음이 세차게 흘러나올 때 여기서 희미한 신호를 낚아채는 데는 컴퓨터가 사람보다 훨씬 우월하다. 게다가 기계는 파동이 생겼다가 사라지는 신호나 전파 신호가 천천히 올라갔다가 내려가는 것도 쉽게 인식할 수 있다.

문명의 발달로 인해 생겨난 수많은 전파 방해는 세티 실험에서 분명히 구분이 될 필요가 있는데, 이러한 일도 컴퓨터가 더 잘 해낸다. 컴퓨터는 지상의 전파 방해에 관한 데이터베이스를 이용하여 들려오는 모든 신호를 검토한 다음 작업을 시작한다. 이 작업은 지상의 성가신 소음이 자동적으로 받아들여지지 않도록 미리 소리를 참작해내는 일이다. 주파수가 천천히 변하지 않는 신호도 이 작

업을 통해 제외된다. 어떤 외계인의 신호는 지구의 자전으로 인해 단 몇 초 만에 주파수가 바뀔 수 있는데, 이 모든 조사를 인내심 많은 컴퓨터가 자동으로 수행한다.

컴퓨터의 자동 체크 과정을 무사히 통과했다 하더라도, 좀더 상세한 조사가 필요한 신호가 여전히 많이 있다. 가장 민감한 세티 실험들은 제2의 전파 망원경이 보조를 해주고 있다. 피닉스 프로젝트는 푸에르토리코에 있는 아레시보 전파 망원경을 가지고 가까운 별들을 관측하는데, 이때 가능성이 있는 신호는 대부분 영국 조드럴 뱅크의 76미터 전파 망원경이 다시 관측한다. 두 대의 전파 망원경을 사용하면 '거짓 경보' 비율을 현저히 감소시킬 수 있다.

세티 연구자들이 ET를 발견했다고 확실하게 주장하려면 테스트와 검토 시간이 며칠은 필요하며 제3의 망원경이 위치한 곳에 있는 과학자들에게 자신들이 발견한 신호를 확인해줄 것을 요청해야 한다. 이러한 독립적인 검토는 찾기 힘든 소프트웨어의 버그, 여전히 밝혀지지 않은 지상의 전파 방해, 대학교 내에 있는 기계의 오작동을 배제시키기 위해 반드시 필요한 과정이다. 영화에서와는 달리 현실에서는 훨씬 더 오랜 시간에 걸쳐 외계인의 신호를 발견하게 되는 것이다. 이 사실을 알게 된 어떤 관객이 그 영화를 다시 본다면 실망스러워할지도 모르지만……

외계인을 위한 생방송

지금까지 세티가 행한 노력은 모두 수동적이었다. 이 말은 세티 연구자들의 성격이 온순하다는 뜻이 아니라 그들이 단순히 듣거나 관찰만 해왔다는 것을 의미한다. 세티 과학자들은 '응답을 받기 위한 방송'을 진지하게 우주로 방출한 적이 단 한번도 없었다. 이미 강조했듯이 인간은 라디오, 텔레비전, 군용 레이더를 이용하여 무의식적으로 우리의 세련된 문화를 우주로 전송하고 있다. 기술적인 데 관심이 많은 독자들은 10~20년 사이에 그러한 극소수의 송신기들이 안목 있는 이웃에게 오락적인 것을 쏟아내리라고 생각할 것이다. 아마도 우리는 각 가정에 놓인 시청용 케이블선을 통해 프로그램을 수신하거나 위성 방송을 통해 직접 외계인의 신호를 수신할 수 있을 것이다.

우리는 외계인이 이미 이러한 기술적인 스위치를 만들었으리라 추측할 수도 있다. 그들 세계에서 새어 나오는 전파(혹은 빛) 에너지량은 그리 많지 않을 것이다. 만약 외계인이 의도적인 송신을 하고 있다면 우리는 그저 그들을 찾기만 하면 된다. 하지만 우리도 방송을 내보내지 않고 있는데, 그들이라고 해서 왜 그런 방송을 하겠는가? 그리고 모든 사람이 그 방송을 듣는다면 어떻게 될까?

이것은 곧 우리가 생방송으로 별까지 신호를 보내야 한다는 의미일까?

아마 그렇지는 않을 것이다. 우리가 방송을 하지 않는 진짜 이유가 몇 가지 있다. 우리 사회는 이제 막 기술력을 갖춘 상

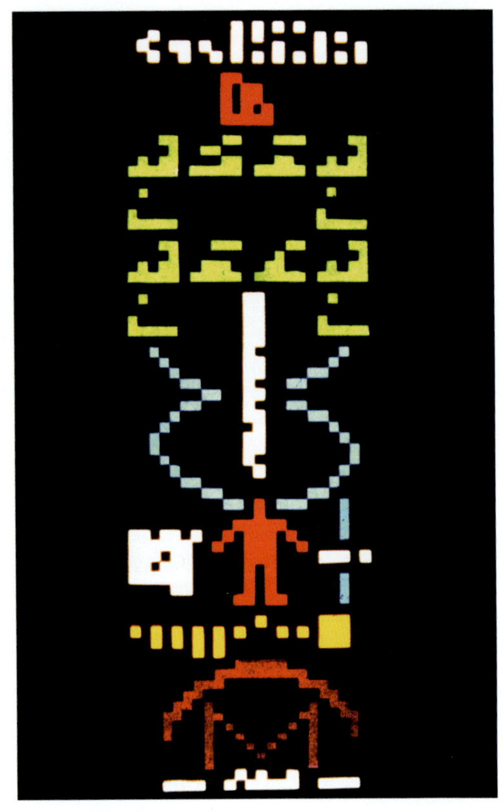

태에 들어섰다. 어쩔 수 없이 우리의 기술력이 아직은 부족하다는 것이 가장 큰 이유이다. 강력한 전파 송신기와 레이저는 21세기의 발명품이다. 그러나 우리보다 진보한 문명을 가진 곳에서 보면 이러한 물건이 낡은 모자만도 못한 것일 수 있다. 오래 전에 발명된 바퀴도 물론 여전히 쓸모가 있기는 하지만 그것은 단지 낡은 발명품, 고대의 성과로서 남아 있을 뿐이다. 기술적인 무대 위에서 가장 최근에 등장한 배우가 인간이기 때문에 우리는 일단 '듣는 일'을 선택한 것이다. 나중에 더 많은 이야기를 나누기 위해 말을 아끼는 것이라고나 할까.

한편 외계인 사회가 우리에게 송신을 한다면 거기에는 몇 가지 이유가 있으리라 생각된다. 즉 외계인 사회가 우리에게 신호를 보내는 것은 우주 식민지와 계속 접촉할 필요성을 느꼈거나, 아니면 자신의 고향 행성과 충돌하게 될 혜성을 찾기 위해 엄청난 레이더를 사용하는 것일 수도 있다. 물론 이러한 사회 가운데 일부는 실제로 이웃의 관심을 얻고 싶어할 수 있고, 우리가 우주의 존재 중에서 좀더 수준이 높다면 그들을 가르칠 수도 있을 것이다.

소수의 세티 연구자들이 지구에서 신중히 이뤄지고 있는 전송 프로젝트가 실용적인 효과를 거두게 될 것이라고 주장하는 것은 주목할 만하다. 방송은 우리에게 최상의 소리를 들을 수 있게 도와줄 것이다. 이를 실현시키기 위해 BBC는 필요한 자금을 출자받을 것이다. 우주 프로그램도 BBC와 버금가는 것인데 지금까지 어느 정부나 개인도 장기간 효율적으로 이 프로그램을 구성하는 데 필요한 자금을 기꺼이 출자하려 하지 않았다. 때문에 지성을 지닌 우주 친구와 접촉하기 위한 우리의 노력은 단순한 신호를 찾는 수동적인 실험으로 제한되고 말았다.

아직까지 이 실험들은 모두 외계인의 송신기를 찾는 데 주력하고 있다. 이 시점에서 우리는 이 실험의 성공 확률이 어느 정도인지 좀더 상세하게 살펴볼 필요가 있다.

CHAPTER 6

드레이크 방정식

세티 연구자들은 외계 지성체의 존재를 발견하겠다는 희망을 안고, 우주를 향해 안테나와 반사경을 계속해서 설치하고 있다. 그러나 과연 그들의 도박이 성공할 확률은 얼마나 될까?

이것은 얼토당토않은 질문이 아니다. 저 너머에 있을지 모를 지성체를 찾기 위해 항해를 결심하고 그 성공 가능성을 평가해보는 것은 가치 있는 일이다. 따라서 오즈마 프로젝트 이후 곧바로 과학자들이 세티의 감지 가능성을 측정하기 위해 노력하고 있었다는 것 역시 그리 놀라운 일이 아니다.

1961년은 과학자들이 최초로 그 측정 결과를 내놓은 해이다. 1년 전 세티의 선구적인 연구를 수행했던 전파 관측소인 웨스트 버지니아의 그린 뱅크에서 처음이자 마지막으로 열린 세티 회의에서 프랭크 드레이크는 공동 사회를 맡았다. 그는 논의를 구성하는 구체적인 방법과 세티 회의를 위한 특별한 성격의 협의 사항을 원했다. 회의 참석자들은 하나같이 어두컴컴한 우주의 심연에 숨어서 무언가를 전송하는 사회를 발견하는 일은 건초더미 안에서 바늘

» 아레시보 전파 망원경은 천문학자들이 주로 사용하는데, 그 사용 시간의 약 5퍼센트를 세티가
할당받았다.

» 프랭크 드레이크가 자신의 방정식을 설명하고 있다.

을 찾는 격이라고 이야기했다. 물론 일리 있는 말이다. 그러나 드레이크는 만약 건초더미 안에 얼마나 많은 바늘이 숨겨져 있는지 알아낸다면 그 어려움 역시 계산할 수 있음을 깨달았다. 그래서 그는 얼마나 많은 수의 바늘이 우리 은하 내에 있을지를 계산할 수 있는 간단한 방정식을 세티 회의의 논의 주제로 삼았다.

드레이크의 그린 뱅크 회의는 3일간 계속 이어졌다. 당시 이 공식은 협의 사항으로만 사용될 계획이었는데, 현재까지도 사용되고 있다. 이 공식이 바로 드레이크 방정식이다. 우주 생명체의 문제를 다룬 교재를 살펴보면 빠짐없이 이 방정식에 관한 내용이 들어가 있다.

간단하고 쉬운 드레이크 방정식

대부분의 일반인들은 방정식을 별로 좋아하지 않는다. 다행스럽게도 드레이크 방정식은 수학에 공포를 느끼는 독자들도 이해하기 쉬울 정도로 매우 간단하다. 당신이 이 방정식을 이해한다면 새롭게 발견된 지식을 갖게 되는 셈이며 이로써 당신의 친구에게 깊은 인상을 심어줄 수 있을 것이다.

드레이크 방정식의 목적은 N, 즉 지구까지 도달 가능한 신호를 보내는, 우리은하 내의 문명의 수를 계산하는 것이다. 우리는 그 사회가 전파를 전송하는지, 지구에 번쩍이는 빛을 보내기 위해 거대한 레이저를 사용하는지에는 전혀 관심이 없다. 왜냐하면 세티 실험에서는 이런 두 가지 유형의 신호를 모두 찾고 있기 때문이다. 이 방정식이 중요하게 여기는 개념은 얼마나 많은 사회가 감지 가능한 신호를 보내고 있을지를 단순하게 계산해보는 것이다. 가령 그런 수가 매우 많다면, 다시 말해 신호를 보내는 문명의 수가 수백만 개라면, 그때부터 세티의 연구자들은 상당히 빠른 성공을 예측할 수 있을 것이다. 반면 그 수가 매우 적다면, 즉 두세 개에 불과하다면, 우주에서 친구를 찾는 일은 매우 오랜 시간이 걸릴 것이다. 여기서 말하는 숫자는 은하라는 건초더미 속에 들어 있는 바늘의 개수이다.

개념상 수학의 등식을 생각하면 드레이크 방정식을 이해하는 데 도움이 될 것이다. 경찰견이 전세계적으로 얼마나 많이 돌아다니는지를 계산한다고 가정해보자. 물론 이러한 계산을 하고 싶다는 것은 분명히 이상한 일이겠지만,

이 방정식을 논리적으로 이해하는 데는 도움이 될 것이다. 이러한 계산을 위한 가장 간단한 방법은 K-9 부대에 입소할 수 있는 개가 얼마나 되는지 그 모집 비율을 계산한 다음 그 비율을 복무중인 사냥개의 연도별 평균과 곱하는 것이다. 예를 들어 1만 마리의 개가 매년 경찰 업무에 투입되어, 평균적으로 4년간 도망자들을 잡는다면, 약 4만 마리의 경찰견이 담당 구역에 투입되는 것과 같다. 즉, 수^N=비율×수명^{lifetime}인데, 여기서 '수명'은 개들이 얼마나 오래 사느냐가 아니라 개들의 평균 복무 기간을 뜻하는 것이다. 우리는 그 수명을 어림잡을 수 있다. 결국 개들의 수명은 1~10년 사이의 숫자가 될 것이며, 그 숫자는 도망자가 얼마나 위험한 사람이냐에 따라 달라질 수 있다. 경찰견으로 투입될 수 있는 잡종개의 수를 산출하는 것은 좀더 어려울 수 있다. 따라서 우리는 좀더 간단한 용어로 그 비율을 나눠볼 수 있다. 예컨대,

경찰견으로 복무할 수 있는 잡종개의 수(N)=
- 모든 개의 연간 출생률(R), 곱하기
- 적절한 훈련을 받은 잡종개가 경찰견이 될 수 있는 확률(f_S), 곱하기
- 그 잡종개가 실제로 K-9 훈련 자격을 갖출 확률(f_t), 곱하기
- K-9에 입대한 신병 잡종개가 훈련에 통과할 확률(f_p)

이런 식으로, 우리는 군대에 들어가는 개들에 대한 일련의 항목을 보다 단순한 비율로 인수분해했다. 그럼으로써 우리는 경찰견의 수를 계산하는 방정식을 'N=R$f_s f_t f_p$ L'이라고 쓸 수 있으며, 여기서 L은 군대에서 복무하는 개의 평균 수명을 가리킨다.

지금까지 장황하게 설명한 것처럼 위와 같은 간단한 논리적 접근 방법이 도출되었다. 이제 우리는 이런 방법의 예로 굳이 개를 들먹이지 않더라도, 커뮤니케이션을 하는 문명의 수, 즉 N을 계산하는 드레이크 방정식을 전문 용어로 나타낼 수 있다. 이 방정식 역시 비율과 수명을 곱하여 계산한다. 이 공식

에서 '비율'은 매년 신호를 보내는, 우리은하 안에 있는 사회의 수가 되고, 'L'
은 기술 문명이 발전된 사회의 평균 수명을 가리킨다. 즉, 우리은하 안의 문명
이 '방송을 지속하는' 길이가 되는 것이다.

비율은 다음 항목을 산출함으로써 계산된다.

우리은하 안에서 신호를 보낼 수 있는 지적 문명체의 수(N) =
- 거주 가능한 행성을 거느릴 수 있는 항성의 연중 생성률(R_*), 곱하기
- 이 항성들이 행성을 갖고 있을 확률(f_p), 곱하기
- 항성계에 있는 거주 가능한 행성과 위성의 평균 수(n_e), 곱하기
- 생명체를 생성시킬 수 있는 조건을 모두 갖춘 행성에서 실제로 생명체가 탄생
  할 확률(f_L), 곱하기
- 탄생한 생명체가 지적 문명체로 진화할 확률(f_i), 곱하기
- 지적 문명체가 통신기술 문명을 갖고 있을 확률(f_c).

이렇게 하여 완성된 드레이크 방정식은 다음과 같다.

$$N = R_* \, f_p \, n_e \, f_L \, f_i \, f_c \, L.$$

방정식의 모든 항목은 1961년 그린 뱅크 회의에서 논의된 주제였다. 그
리고 회의에 참여한 과학자들은 각 항목과 관련된 수들을 산출하기 위해 최선
을 다하였다. 우리은하 안에서 탄생하는 항성의 비율을 계산하는 일은 천문학
에서는 어렵지 않은 일이지만, 방정식의 우항에 있는 또 다른 항목들에 값을
매기는 일은 훨씬 오랜 시간이 걸리는 힘든 일이다. 한 예로, 생물이 살고 있는
행성이 있다면 그것은 얼마나 많은 지성체를 만들어낼까? 지구상에서 이런 일
은 분명히 일어났지만, 호모 사피엔스의 출현은 일어날 수 없는 일인데 그저
우연하게 일어난 것인지도 모른다(따라서 인간이 기르고 있는 소나 참치의 관점에서
보면, 이렇게 우연히 발생한 일이 자신의 종에서는 일어나지 않아 매우 불행하다고 느낄 것

이다).

전문적인 조사 보고서에 따르면, N은 1(지구가 우리은하 전체에서 유일하게 정교한 기술을 가진 거주자가 사는 행성일 경우)에서부터 수백만(우리가 수많은 우주 친구들을 갖고 있는 경우)까지의 계수를 구할 수 있다. 결국 우리가 N값을 구할 수 있으리라 생각하지만, 지성체가 살고 있는 다른 세계를 발견할 때 비로소 우리는 진정한 N값을 좀더 정확하게 구할 수 있을 것이다.

이처럼 매우 불확실한 것이기는 하지만 드레이크 방정식은 그 저력을 발휘했고, 또한 세티에 대한 모든 논의의 출발점이 되었다. 이제 우리는 드레이크 방정식의 각 항목을 좀더 자세히 살펴볼 것이고, 각 항목에 대한 값을 현대의 연구에서는 어떻게 이야기하고 있는지 알아볼 것이다.

드레이크 방정식 풀기

1961년의 드레이크 방정식에서 실제로 거의 정확하게 계산할 수 있는 유일한 항목은 우리은하에서 항성이 안정적으로 탄생하는 비율인 R_*뿐이었다. 일반인들이 혼자서 쉽게 계산해보려면 우리은하 내에 수천억 개의 항성이 존재하고, 그 은하 자체가 약 130억 년 정도 되었다는 사실을 명시하면 된다. 이 두 가지 수를 나눌 때 우리는, 만약 은하가 항상 일정한 비율로 항성을 탄생시킨다면 매년 수십 개의 항성이 새로 탄생한다는 사실을 알게 될 것이다. 이미 앞에서 논의한 것처럼 이러한 항성 가운데 일부, 특히 큰 항성들은 생명체를 가진 행성의 숙주로서는 그리 적합하지 못하다. 그러나 모든 항성 가운데 적어도 절반은 안정적이며 어쩌면 그보다 더 많은 수가 안정적일 수도 있다. 따라서 우리는 R_*이 적어도 매년 10 정도는 될 것이라고 생각한다.

두 번째 항목 f_p의 값은 1961년에 완벽한 추측이 이루어졌다. 그 당시 우리의 태양계 너머로부터 감지되는 행성이란 전혀 존재하지 않았다. 그러나 1장

에서 언급했듯이 태양 이외의 다른 항성 주위에서도 행성들은 8월의 옥수수보다 더 빠른 속도로 생성될 수 있다. 새롭게 발견된 이 세계들은 모두 엄청난 크기인데 그것은 생명체를 낳을 수 있는 조건이 전혀 갖추어지지 못했다는 의미이다. 우리가 감지할 수 있는 세계가 이렇게 큰 행성으로만 한정되는 것은 우리의 그물망이 지나치게 엉성하기 때문이다. 지구와 크기가 유사한 작은 세계가 틀림없이 저 너머에 존재하겠지만, 10년 이내에 새로운 망원경을 우주로 쏘아올리지 못한다면 그 세계가 존재한다는 사실을 증명할 방법이 없다. 그동안 우리 모두는 최소한 10개 중 하나의 항성은 행성을 가지고 있을 거라는 이야기만 할 수 있다. 따라서 f_p는 0.1 혹은 그 이상이 된다.

항성계당 거주 가능한 행성의 수, n_e의 값은 그다지 확실하지 않다. 우리의 태양계에서 생명체가 살 만한 세계로는 지구는 당연하고 그 외에 화성과 목성의 몇몇 위성, 토성의 1개 위성이 후보지로 거론되고 있다. 따라서 n_e의 값은 2 혹은 3이 되는데, 이 추측은 믿을 만하다(물론 이 값은 우리 태양계를 근거로 한, 그저 추측에 불과한 것이지만 말이다).

드디어 우리는 이 후보지에 실제로 생명체가 발생할 확률 f_L에 이르렀다. 이 수가 매우 작을지 아니면 1에 근접한 수일지는, 생명체의 발생이 거의 초자연적 현상에 가까운 것(지구가 그저 운이 좋았던 것)인지 아니면 약간의 물이 있는 모든 행성에서 나타날 수 있는 자연적인 고통인지에 대해 어떻게 생각하느냐에 따라 달라질 수 있다. 2장에서 언급했듯이, 생명체는 생존이 가능한 환경이 준비되자마자 지구상에 나타나기 시작했다. 즉 태양계 형성 시기부터 남아 있던 얼음과 암석 알갱이들의 충돌이 일단 수그러지면, 생명체의 출현이 진행된다. 그것은 생명체가 자연의 단순한 프로젝트이기에 f_L은 거의 1에 가까울 것임을 시사해주는 것이다.

한편 화성이나 태양계 외곽의 일부 위성에는 외계 생명체가 있을 가능성이 가장 높다. 만약 우리가 그 위성에서 외계 생명체가 있다는 확실한 증거

» 도르 & 블루 스트릭$^{Thor\ and\ Blue\ streak}$ 로켓은 처음에는 탄도 미사일로 사용되다가 나중에는 보다 평화로운 일인 우주 탐사에 사용되었다.

를 발견한다면, 우리는 f_L이 1에 가깝다고 확신할 것이다.

드레이크 방정식의 우항으로 접근해갈수록 확실성은 점점 더 떨어진다. 그렇다면 '탄생한 생명체' 가 지적 문명체로 진화할 확률 f_i는 결국 얼마나 될까? 우리는 복합 동물이 지성체로 발달할 수 있도록 자극하는 경쟁적 환경에서의 진화적 강제를 논의한 바 있다. 반면 많은 진화 생물학자들은 신진대사에 부담을 주는 생명체의 큰 뇌가 불가피한 것인지 아니면 더 합당한 것인지에 대해 아직 확신하지 못하고 있다. 따라서 이 항목의 값은 낙관주의자들에게는 거의 1에 가까울 것이고 그렇지 않은 사람들에게는 0에 가까울 것이다.

꾀 많은 생명체가 출현한다고 하더라도, 과연 그들이 기술적으로 유능한 문명을 발달시켜 커뮤니케이션할 수 있을지는 확신할 수 없다. 인간 사회에 있어서도, 지속적이고 기술적인 진보라는 개념에 별로 관심이 없는 수많은 사회가 있었고 그런 사회는 지금도 여전히 존재한다. 예를 들어 고대 이집트 문명은 수천 년 동안 거의 변하지 않았다. 그러나 세대를 거듭할수록 대부분의 사람들은 자신들이 선조보다 더 나은 과학과 기술력을 갖게 될 것이라고 생각하는데, 이는 지극히 당연한 것이다. 그러나 우리의 우주 친구들이 그 생각에 동의할지는 장담할 수 없다. 분명한 것은 과학에 대한 이해가 어느 사회에서든 유용함과 유익함을 주리라는 점이다. 비록 어떤 종의 소수 집단만이 과학에 대한 이해를 발달시켰다 하더라도 그러한 능력은 순식간에 널리 퍼져나갈 것이다. 이는 지구에서의 경험을 바탕으로 알 수 있다. 다시 한 번 우리를 '전형'으로 놓고 가정한다면, f_c는 아마도 1에 가까운 수가 될 것이다.

마침내 우리는 대중의 마음을 사로잡을 수 있는 드레이크 방정식의 마지막 항목인 L, 즉 '기술적으로 발달한 문명의 수명'에 이르렀다. f_c와 마찬가지로 이 변인은 천문학이나 생물학보다는 오히려 사회학과 같은 '인간의 행동과 제도, 사회 등을 엄밀히 측정하여 과학적으로 연구하는 학문^{soft science}'에 따라 크게 달라진다. 또한 L은 우리가 알고 있거나 최소한 알 수 있는 항목이라는 점이 강하게 제기되고 있다.

우리는 지구상에서 무엇을 경험하였는가? 우리는 약 70년 동안 계속해서 신호를 보내고 있는 사회이다. 그러나 우리는 라디오를 발명한 지 얼마 안 되었을 때 곧바로 핵무기를 개발하였다. 아마도 이 말은 우리가, 그리고 대부분의 외계인이 방송을 진행시킨 후 1세기 혹은 2세기 내에 자기 파괴로 나아갈 운명을 타고난다는 의미가 될 것이다. 따라서 만약 L이 단지 수백 년에 불과하다면, 우리가 다른 문명을 발견할 기회는 매우 적어지는 것이며, 미래의 가능성 역시 불투명할 것이다. 지능을 가진 종과 연락할 수 있게 해주는 바로 그 기술이 동시에 그들의 파멸을 앞당겼을 수 있기 때문이다.

이것은 물론 충분히 가능한 일이다. 하지만 이 상황을 우울하지 않게 볼 수 있는 또 다른 방법도 있다. 라디오를 발명한 지 1세기도 채 지나지 않아 호모 사피엔스는 달로 진출하였다. 따라서 다음 세기에는 인류가 우리와 이웃하는 위성을 비롯해 화성이나, 지구 주위를 돌고 있는 거대한 인공 거주지로 이민을 가서 가게를 차릴 가능성도 매우 높다. 우리가 태양계로 뻗어나가기 시작하는 것이다.

만약 이런 일이 현실로 일어나면 우리는 자기 파괴와 반대되는 사상을 우리들 자신에게 불어넣게 될 것이다. 비록 지구상에서 엄청난 전쟁이 발발한다고 하더라도, 우리가 몇 뙈기의 땅을 발견할 수 있는 곳이면 그곳이 어디든

계속 이민지가 될 것이다. 이런 상황은 중세 유럽을 휩쓸고 간 소름끼치는 역병과 약간은 유사하다. 세 명 중 한 명이 목숨을 잃을 정도로 지역적인 파괴력을 갖고 있었지만, 역병이 실제로 인류 전체에 끼친 영향은 미미했고, 유럽 이외 다른 지역 사람들은 대부분 살아남았다. 따라서 염세주의자들이 선전하고 있는 우울한 시나리오, 즉 사회가 라디오를 발견하고 나서 곧바로 자기 전멸의 가능성을 발달시킨다는 시나리오는 보다 크고 낙관적인 그림의 일부분에 불과하다. 또한 무기 운반용 로켓이 근처 다른 행성의 거주자들에게는 운송 수단이 될 수도 있다. 물론 기술적으로 매우 발달한 사회가 소멸되기까지는 위험천만한 1세기 혹은 2세기를 견딜 것이다. 최소한 그 사회의 일부는 이러한 위협적인 어려움들을 무사히 이겨낼 것이고, 그 사회에 사는 종은 수천 년 혹은 수백만 년 동안 자신의 존재를 확실하게 방송할 수 있을 정도로 충분히 전개될 것이다. 그렇게 된다면 L값은 매우 커질 수 있다.

눈치 빠른 독자는 이미 알아챘겠지만, 이러한 논의를 하면서 우리는 드레이크 방정식의 각 항목에 대해 공인된 값은 일부러 제시하지 않았다. 그 이유는 '공인된' 값이 전혀 존재하지 않기 때문이다. 따라서 개인적으로 '합리적인 수'라고 생각하는 것을 대입해도 무방하다. 그런데 천문학이 크게 강제하고 있는 R_*와 f_p의 값은 제외되므로 이 점은 주의해야 한다. 줄곧 이야기했듯이 세티 과학자들은 오랫동안 전력을 다해 드레이크 방정식과 씨름을 해왔고 그 과정에서 N의 계수 범위를 0에서 1,000만까지로 폭넓게 잡고 있다. 드레이크 자신은 N값을 약 1만으로 측정하였다. 즉 커뮤니케이션이 가능한 문명이 우리은하 안에 1만 개 정도는 있으리라고 본 것이다. 그의 계산을 신뢰한다고 전제한다면, 그 계산의 중요성을 이야기할 수 있다. 즉 세티 실험을 통해 우리가 얼마나 많은 별들을 정확하게 연구할 수 있으며, 우주의 친구들이 얼마나 멀리 떨어져 있는지를 대략 알게 되는 것이다.

드레이크 방정식의 한계점과 또 다른 가능성

향후 40년 동안은 드레이크 방정식이 계속해서 세티의 감지 가능성을 알려주는 데 매우 효과적인 방법이 될 것임에도 불구하고 이 방정식은 한계점 역시 갖고 있다. 그 가운데는 매우 중요한 문제점도 있다.

첫 번째 한계점은 그 계산이 우리은하에만 맞춰진 채 설정되었다는 점이다. 1,000억 개에 이르는 다른 은하에도 이 방정식은 충분히 적용 가능할까? 물론 다른 은하에도 거주자가 살고 있을 것이다. 광활한 우주에 사고 가능한 축복받은 존재가 있으리라는 것을 그 누가 부인할 수 있을까? 그러나 세티의 실험 범위는 대체로 우리은하에 국한되어 있다. 이것은 단순히 실천에 관한 문제이다. 별들이 그렇듯이 다른 외부 은하도 우리은하와 너무 멀리 떨어져 있다. 우리와 가장 가깝고 거대한 은하인 안드로메다^{Andromeda}마저도 우리은하에서

✱ 가장 가까운 외계 문명은 과연 몇 광년이나 떨어져 있을까?

프랭크 드레이크는 1960년에 ET의 전파 신호를 엿듣기 위한 현대적인 노력을 최초로 실천에 옮겼다. 그는 자신의 안테나가 지구와 비교적 가까운 별인 엡실론 에리다니와 타우 세티를 향하도록 조작하였다. 이들은 각각 지구에서 10광년과 12광년이 떨어져 있다. 그가 이 이웃 별들을 선정한 데에는 몇 가지 이유가 있다. 우선 이 별들은 태양과 크기 및 밝기가 비슷하며, 갈래상 생명체라고 부르는 더러운 화학물질이 발달하기에 적합한 행성을 가지고 있을 가능성이 높았다. 그러나 무엇보다 중요한 것은, 그 별들이 가까운 거리에 위치한 탓에 우리가 전송하는 신호를 훨씬 강하게 받을 수 있으며, 그에 따라 거리가 멀수록 신호가 약해질 수밖에 없다는 한계에도 영향을 덜 받으리라는 점이었다.

게다가 우리은하의 중간 지점보다는 우리와 가까운 이웃 별에서 외계인을 발견하는 것이 훨씬 재미있는 일일 것이다. 만약 실제로 외계인이 100광년 이내의 가까운 곳에만 존재한다면, 비록 그 속도는 느리지만 생각해볼 수 있는 커뮤니케이션 방식이 적어도 두 가지는 있다.

그러나 이 형제 항성으로부터 드레이크는 아무런 소리도 듣지 못했다. 드레이크의 연구 이후 지구와 가까운 거리에 있는 별들을 세밀하게 조사했던 피닉스 프로젝트를 비롯한 세티의 연구 또한 그 어떤 소리도 듣지 못했다. 이로써 우리는 우주가 결코 고도로 발전된 사회가 보내는 강력하고 영구적인 신호로 장식되어 있지 않다는 사실을 깨우치게 되었다. 외계인에 대한 증거는 분명히 진부하지 않을 것이며 우리가 찾고 있는 신호는 매우 약할 것이다.

물론 1960년에는 이런 사실을 모르고 있었다. 마침내 알게 될 외계 문명은 매우 자유분방한 것일 수도 있고, 어쩌면 바로 옆에 있는 별이 외계인의 집일 수도 있을 것이다. 그러나 지난 10년 동안 이뤄진 세티의 실험은 그렇지 않다는 사실을 밝혀주었다. 이는 지역적으로 우리와 가까운 곳, 우리은하의 이웃에 외계 사회가 빼곡히 들어차 있지는 않다는 것을 시사해준다.

사실 이건 공평한 일이나. 우리은하의 어느 부분 역시 이와 마찬가지이니까 말

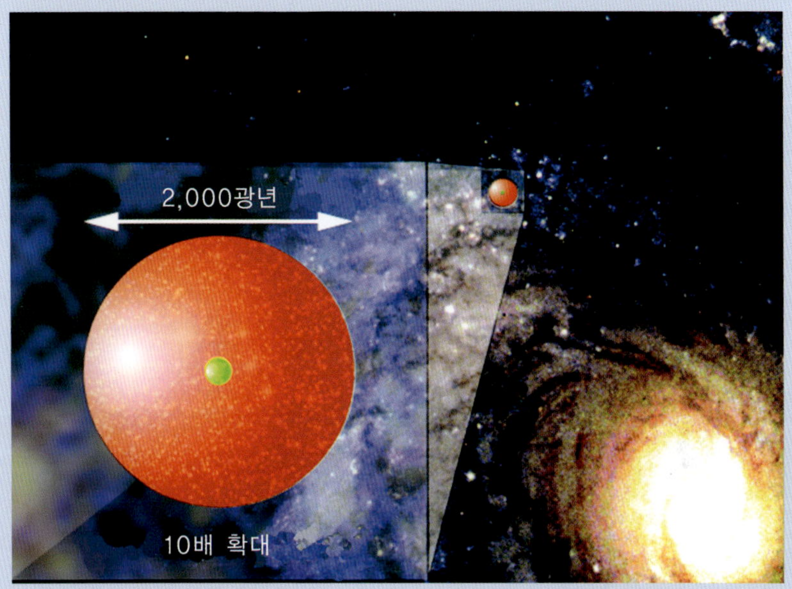

» 초록색 작은 원은 피닉스 프로젝트가 조사한 우리은하 내의 영역을 나타낸다. 새로운 알렌 망원경 어레이는 붉은 색으로 표현한, 훨씬 더 넓은 영역의 조사를 가능하게 할 것이다.

이다. 그렇다면 대체 가장 가까이 있고, 적극적인 성격을 가진 외계 문명은 우리와 얼마나 멀리 떨어져 있는 것일까?

우리는 아직까지 이 문제의 해답이 무엇인지 모르고 있다. 이는 우리은하에 얼마나 많은 과학자가 거주하고 있느냐에 따라 달라지는 것으로, 그것이 바로 드레이크 방정식이 말하는 N값이다. 염세주의자들은 N이 1이라고 말할 것이다. 다른 말로 하자면, 우리가 이 우주 마을의 유일한 승자인 셈이다. 이런 경우 가장 가까운 곳에 사는 외계인이란 존재하지 않는다! 반면 천문학자 칼 세이건[Carl Sagan]은 아주 낙천적인 사람이었다. 그는 언젠가 N이 100만은 될 것이라고 주장했다. 만약 N이 100만일 경우 우리은하 안에 있는 가장 가까운 문명의 평균 거리는 약 100광년으로 쉽게 산출해낼 수 있다. 이것은 우리가 실제로 연구해왔던 성간 공간의 크기에 필적한다.

드레이크는 N값을 보다 신중하게 구하려는 경향이 있었다. 즉 우리은하 전체에 대략 1만 개의 기술력을 갖춘 문명이 흩뿌려져 있을 것이라고 생각했다. 만약 그의 생각이 옳다면, 우리와 가장 가까운 이웃은 500~1,000광년 떨어진 곳에 있을 것이다. 이 정도의 거리는 우리은하 직경의 1퍼센트에 불과하지만, 외계 생명체 탐사에 있어서는 상당히 적당한 거리이면서 지금까지 이루어진 가장 민감한 연구에서 탐색한 영역보다 훨씬 먼 거리이기도 하다.

여기서 알 수 있는 평범하면서 간단한 사실은 ET의 신호를 발견하기 전에는 그의 고향이 얼마나 떨어져 있을지 우리가 결코 알 수 없다는 것이다. 그러나 거주자가 살고 있는 100만 개의 세계에 의해 우리은하가 활기를 띤다는 의견에 동의하지 않는다면 그 거리는 100광년 혹은 그 이상이 될 것이다. 우리가 영원히 시도해야 할 이 대화는 아주 느린 속도로 이루어질 것이다. 질문을 한 후 그 대답을 듣기까지 최소한 수세기가 걸릴 것이다.

그렇다 해도 상관없다. 16세기에 유럽과 새로 발견된 아메리카 사이의 커뮤니케이션도 굼뜨기는 마찬가지였다. 하지만 정보 교환 속도가 느리다고 해서 그 발견이 덜 중요한 것이 되지는 않는다. 끝이 보이지 않는 바다 건너편에 또 다른 사회가 있다는 사실만으로도 당시 사람들은 흥분과 놀라움을 금치 못했을 것이다.

가장 먼 거리에 있는 별보다 20배나 멀리 떨어져 있다. 두말할 필요 없이, 안드로메다 은하 외에 다른 거대한 은하는 훨씬 먼 곳에 위치해 있다. 거리가 멀수록 신호가 약해질 뿐만 아니라, 그들이 신호를 보내고 싶어지는 동기 또한 약해질 것이다. 그렇다면 "수백만 년이나 걸릴지도 모르는 응답을 언제 받을 수 있을까?"라는 질문이 나올 수밖에 없다.

아마도 드레이크 방정식이 갖고 있는 보다 심각한 문제는 방정식 자체가 인간 중심이라는 데 있을 것이다. 이 공식은 다른 생명체가 지구와 유사한 조건에서 생겨난다는 가정을 기반으로 하고 있다. 즉 우리의 고향처럼, 생명체가 살기에 적합하고 결국 지적 능력을 갖춘 생물을 낳을 수 있는 행성 조건을 토대로 하고 있는 것이다. 이러한 조건 속에서 각각의 사회는 독립적으로 생겨났으며, 개개의 존재는 자신을 낳은 별과 밀접한 관계를 맺으며 살고 있는 것이다.

그러나 성간 여행이 가능하다면, 하나의 항성계는 다른 항성계에 자기들의 씨를 뿌릴 수 있을 것이다. 그렇게 되면 비록 지성체가 생겨날 가능성은 적더라도, 신호를 전송하는 사회의 수는 많아질 것이다. 왜냐하면 하나의 사회가 틀림없이 다른 사회를 수없이 만들어낼 것이기 때문이다.

이 방정식의 또 다른 한계점은 우리가 우리 자신만을 생물학적 지성체로 제한해왔다는 것이다. 앞에서 언급했듯이 우리는 운명적으로 지적 능력을 갖춘 기계를 발명해낼 수도 있고, 의식이 있는 전자 회로가 이 지구를 상속받을 수도 있을 것이다. 만약 그렇다면 결국 명석한 기계들은 더 푸른 목초지를 위해 우리가 살고 있는 이 행성을 기꺼이 포기할 것이다. 이러한 시나리오는 이미 한물간 것일 수도 있다. 사고 능력을 지닌 기계를 습격하거나, 한계가 많고 곧 부서질 듯 약한 생물학적 지성체가 잠시 머무는 거주지에 맹공격을 가하는 우리은하의 모습은 드레이크 방정식이 그려내는 모습과는 꽤 많이 다르다.

마지막으로, 이 방정식은 지구가 매우 특별할 수 있다는 사실을 간과할

가능성이 있다. 즉 복합 생명체의 출현은 아주 특별한 환경 조건에서만 가능한 것인지도 모른다. 무엇보다 지구는 태양계에서 인간이 견딜 만한 온도와 액체 상태의 물을 가진 적절한 장소이고, 날마다 안정적으로 자전할 수 있도록 도와주는 커다란 달을 가지고 있다. 이런 점은 암석으로 이루어진 행성에서는 매우 드문 일이다. 지구 가까이에 있는 목성은 우리의 태양계로 날아오는 커다란 암

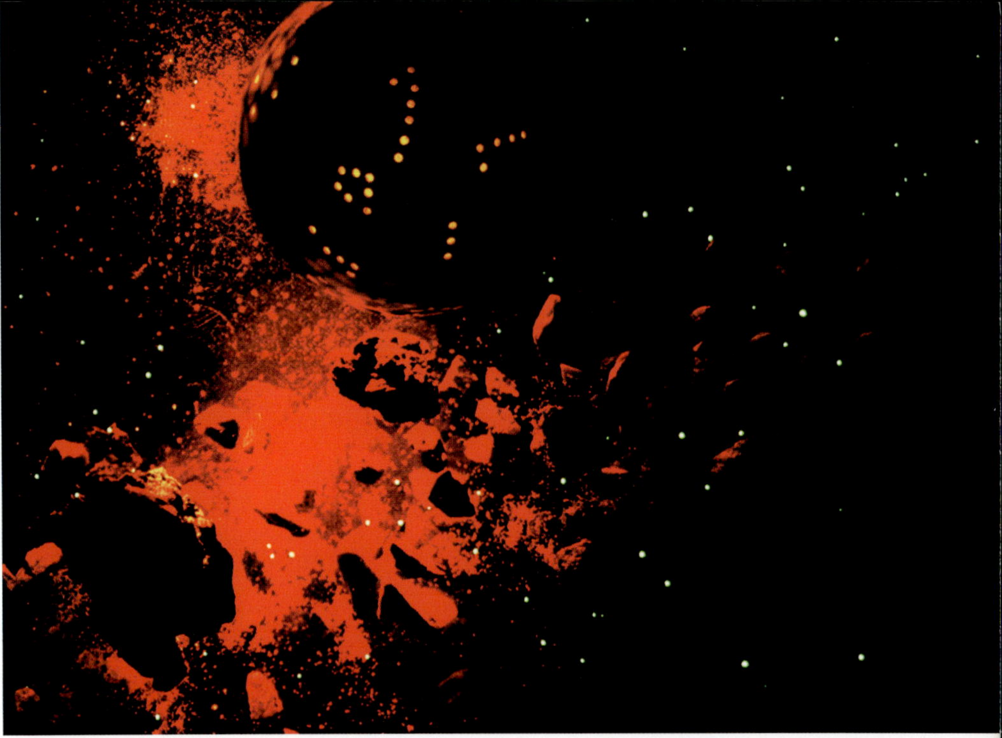

> 똑똑한 기계들이 미지의 우주를 점령하고 있을지도 모른다.

> 이 사진은 갈릴레오 호가 달의 주위를 빠르게 날아다니며 찍은 것이다(왼쪽). 거무튀튀하게 얼룩진 반점은 거대 행성 목성이 혜성 슈메이커-레비 9$^{Shoemaker-Levy\ 9}$와 물리적으로 충돌해서 생긴 것이다. 지구가 아니라 목성과 충돌한 것이 얼마나 다행인가(오른쪽).

석 대부분을 깨끗하게 쓸어준다. 만약 목성이 지구와 가까이 있지 않았다면 그 암석은 우리가 살고 있는 지구에 쾅 소리를 내며 자주 부딪혀 대혼란과 파멸을 야기할 것이다. 그것은 고질라도 부러워할 만한 파괴력이 아닐 수 없다. 이 모든 상황과 함께, 지구는 가장 맹렬한 환경론자가 주장하는 것보다 훨씬 더 특별하다는 주장도 제기되어왔다. 결국 f_L 그리고(또는) f_i의 값이 본래 0이라면 드레이크 방정식은 아무런 쓸모가 없게 되는 것이다.

드레이크 자신도 이러한 논의 속에서 흥미와 일시적인 가치를 발견했다. 그러나 우주의 다른 지성체가 원형질 형태를 띠었는지, 아니면 건축 및 기술 기사로 일할 능력이 있는지를 결정할 수 있는 유일한 방법은 우리가 더 좋은 전파 망원경을 만들어 외계 지성체를 찾아보는 것이다. 현재도 여전히 이와 같은 방법으로 탐사가 진행되고 있고 향후 10년 이내에 실용화될 새로운 장비는 현재 세티의 실험을 초라하게 만들 것이다. 우리 중에 이성적이면서도 낙천적인 사람은 살아 생전에 이러한 신호가 감지될 수 있으리라고 기대한다. 그렇다면 이런 생각은 정확히 어떤 의미를 갖는 것일까?

CHAPTER 7

세티 실험의 미래

지금까지의 모든 세티 실험은 다른 세계로부터 온 신호를 단 한번도 발견하거나 확인한 적이 없다. 그러다 보니 가장 자주 듣는 질문 중 하나가 "실망하지 않았나요?"이다.

그런데 이런 질문을 받아도 우리는 그렇게 놀라지 않는다. 왜냐하면 이 질문은 오즈마 프로젝트 이후 40년 이상 계속되어왔기 때문이다. 인내심이 많은 세티의 연구자들 대부분은 오늘날과 같은 결과로 인해 자신이 실망할 수 있다는 사실을 이미 예상하고 있었는지도 모른다. 사실 신대륙을 발견한 콜럼버스^{Christopher Columbus}와 그의 선원들은 겨우 몇 주 동안 대서양의 흔들리는 배 위에서 지내면서도 불만이 이만저만이 아니었다. 폭동이 일어날 것 같은 분위기가 늘 팽배했다. 다행히 세티의 과학자들은 이 선원들처럼 딱딱한 빵과 더러운 물로 연명하지도 않고, 그들처럼 폭동을 일으킬 것 같지도 않다. 세티의 선원들은 오히려 "계속 항해하라"고 말한다. 이런 낙관적인 태도는 비범한 인내심이나 맹목적으로 품고 있는 희망보다 더 큰 의미를 지닌다. 세티의 발전과 천문학에서의 진보는 과학자들로 하여금 계속해서 이 연구에 박차를 가하게 하고, 그 규모를 확장하도록 자극하고 있다.

갈릴레오 호가
전해준
진실

우리는 왜 이렇게 낙관적인 태도를 갖고 있을까? 지구 너머에 지적 문명체든 아니든 상관없이 생명체 자체가 존재한다는 확실한 증거가 지금껏 하나도 나오지 않았다는 과학적 주장들에 대해서는 과학자들도 흔쾌히 수긍할 수밖에 없다. 그러나 행성은 지구 외에도 무수히 많다는 사실이 입증되었다. 1995년, 페가수스 자리 51번 별 근처에서 목성 크기의 행성이 발견되면서부터 외계 행성들이 드러나기 시작했다. 이후 연구자들은 10개 항성 가운데 최소한 1개 항성에는 자신의 동료 행성이 1개 혹은 그 이상 있다는 사실을 발견하였다. 즉 은하의 깊은 어둠 속에 적어도 수백억 개의 행성이 숨어 있다는 것이다.

이것은 천문학계에 매우 좋은 소식이고 생물학적 측면에서도 시사하는 바가 있다. 화성에서 날아온 운석 안에 화석화된 미생물이 숨겨져 있다는 사실을 나사의 과학자들을 비롯한 여러 사람들이 1996년에 주장했다는 것을 앞에서 언급했다. 이 운석은 맨 처음 붙여진 이름보다 우주 생물학자들이 자주 쓴 '앨런힐스 84001^{AHL 84001}' 이라는 이름으로 더욱 그 악명을 떨치게 되었다.

일단, 화성에 한때 작은 생명체가 있었을 것이라는 주장에 대해 크게 이의가 제기되었다. 회의론자들은 그 운석 내의 미생물 '화석'이 생명체와 아무 관련이 없는 순수한 자연 광물 구조라고 단언했다. 이 주장에 대해, 운석을 발견한 팀은 '앨런힐스 84001' 내에서 발견한 자철석의 아주 작은 결정체를 가리키면서 "그것은 미생물에서만 유래할 수 있는 것"이라고 항변하였다. 그들은 항해용 나침반 바늘에 쓰이는 자철석을 생산하는, 지구상의 특정 박테리아를 지목하면서 앨런힐스 84001의 결정체를 볼 때 화성에 생명체가 있었을 것이라고 주장하였다. 그러나 자철석은 생물뿐만 아니라 지질에서도 유래할 수 있다. 그렇다면 나침반 바늘에 쓰이는 자철석을 만드는 미생물은 단순히 지질학적 우연의 산물일까? 생물학적으로 형성된 자철석은 지질학적으로 형성된 자철석과는 약간 다른, 고유한 성질을 지니고 있다. 따라서 '앨런힐스 84001' 화석을 둘러싼 논쟁은 그것이 함유한 극소량의 철 성분이 정확히 어떠한 성질을 갖고 있느냐의 문제로 넘어가게 되었다.

여러 가지 주장들이 난무하는 과정에서, 최소한 세티 연구자들은 우주에 생명체가 존재한다는 증거가 실제로 있을지 모른다는 희망적인 전망을 갖게 되었다. 1976년에 로봇 착륙선 바이킹 호가 박테리아 생명체를 찾으려고 화성에 있는 진흙을 약간 퍼서 실험을 했는데, 단순한 유기분자조차 발견할 수 없었다. 화성의 거주자에 대한 낙관적 추측이 몇 세기 동안 이어져왔음에도 불구하고, 이러한 사실은 지구에 있는 생물학 팀으로 하여금 '붉은 행성' 화성은 완전히 죽은 땅이라고 확신하게 만들었다. 이런 일이 있은 지 20년이 지난 후 유명 과학자들은 그 버려지고 녹슨 세계에 생명체가 살았었다고 주장했고, 곧이어 생물이 살 수 없는 지표면 아래에 미생물이 살고 있다는 주장이 추가로 제기된 것이다. 그러면서 다시 한 번 화성 생명체에 대한 전망이 사람들의 이목을 끌고 있다.

우리 또한 목성의 몇몇 위성이 얼어붙은 지표면 아래에 거대한 해양을 품고 있을지도 모른다는, 매혹적인 가능성을 이야기했다. 특히 달과 거의 같은 크기인 유로파는 지구에 있는 7개의 바다를 합친 양보다 두 배나 더 많은 양의 물이 채워진 바다로 둘러싸여 있으며 그 바다 어딘가에 염분을 숨겨두고 있으리라는 매우 설득력 있는 증거도 나왔다. 우리는 이런 증거들 대부분을 제시해준 갈릴레오 호에게 감사할 따름이다. 갈릴레오 호는 1995년 말에 목성계에 대한 예비 조사를 시작하였다. 고해상도의 유로파 사진은 단단하게 굳어버린 바닷속에 마치 갇힌 것처럼 보이는 얼음 덩어리를 보여주었는데 그 길이가 수 킬로미터는 족히 될 듯했다. 그 얼음 덩어리들이 종종 넓게 갈라져 있다는 사

실은 액체 상태의 물이 이따금씩 땅 밑의 얼음에서 새어나와 빙산을 깨뜨리는 원인으로 작용했음을 의미한다. 유로파의 지표면 아래에 바다가 있음을 좀더 확실하게 보여주는 증거도 갈릴레오 호의 우주 탐사기가 밝혀냈는데, 바로 유로파에 약간의 자기 작용이 있다는 사실을 측정해낸 것이다. 이 자기 작용은 목성 위성의 궤도를 변화시킨다. 즉 유로파가 목성의 강력한 자기장을 통과하는 동안 마치 위성 크기의 발전기 같은 역할을 하게 되고, 그 아래 숨겨진 소금물은 감긴 철사줄 같은 역할을 하게 되는 것이다.

지난 10년간 세티 연구는 순조롭게 진행되었기 때문에 연구자들은 미소 지을 수 있었다. 그동안의 연구는 우주가 행성으로 가득 차 있고 그 가운데 어

떤 곳은 생명체를 출현시킬 수 있다는 것을 보여주었다. 심지어 완벽하지 않은 행성이나 평범한 위성에서도 생명체가 탄생했을 가능성이 있다. 나사와 유럽 및 일본의 우주국은 화성에 대한 재조사와 함께, 목성과 토성의 매혹적인 위성을 탐사하기 위한 예산을 빨리 책정하도록 정부에 요청하고 있다. 만약 이렇게 가까운 곳 중 한 곳에서 실제로 생명체가 살고 있음을 발견한다면, 우리는 그 생명체가 비록 단순할지라도, 그것이 지상의 전봇대만큼이나 흔한 것이 되리라는 결론을 피할 수 없을 것이다. 물론 이 사실은 세티 연구자들에게 분명 커다란 자극이 될 것이다.

더 나은 망원경으로 우주를 탐사한다

이제까지의 새로운 발견들이 아주 지적인 생명체를 비롯해서 '어떤' 생명체들이 무수히 많은 세계에서 거품처럼 일어나고 있을지 모른다는 가능성을 심어준 이후로, 세티 공동체는 그 실험을 향상시키기 위해 분주하게 노력하고 있다.

현재 외계 전파 신호를 찾으려는 가장 포괄적인 연구는 피닉스 프로젝트를 통해 이뤄지고 있다. 우리가 5장에서 주목했던 것처럼 이 실험은 지구와 가장 가까운 1,000개의 항성계를 조사하고 있으며 이전의 세티 연구에 비해 훨씬 감도 높은 도구를 이용하여 보다 넓은 지역의 전파 신호를 점검하고 있다.

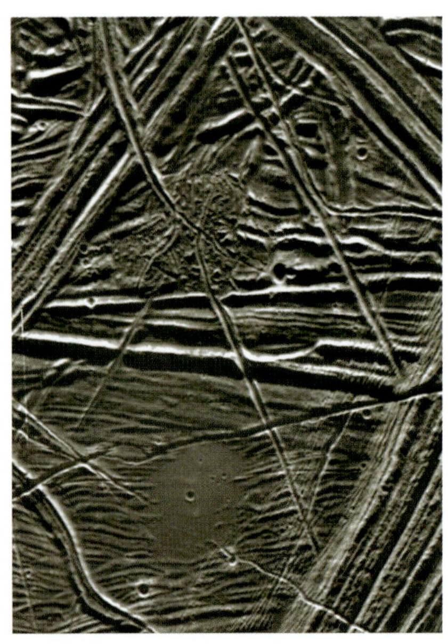

» 금이 가고 갈라져 있는 두꺼운 얼음 표면을 보여주는 유로파의 근접 사진. 이 얼음 표면의 10~15킬로미터 밑에는 방대하고 깊은 액체 상태의 바다가 존재할 것임을 시사해주는 증거가 있다.

이 소식은 조만간 우리에게 매우 좋은 소식을 알려줄 것 같지만, 그렇게 되기가 쉽지는 않을 것이다. 왜냐하면 그리스인과 로마인이 인지했던 전체 수와 비슷한 1,000개의 별들은 실제로 '우리 은하'라는 양동이에 떨어지는 한 방울의 물과 같은 존재들이기 때문이다. 거대한 우리은하에는 수천억 개의 별이 있다. 때문에 이 프로젝트 역시 아프리카에서 빅 게임을 할 만한 곳을 찾기 위해 드넓은 사바나 초원 전체가 아닌 도시의 한 블록 크기만한 땅을 살펴보는 격이다.

더욱이 세티 실험은 매우 느리게 진행되고 있다. 더욱 심화된 세티의 연구는 사용 시간이 제한된 값비싼 망원경을 통해 이루어지고 있다. 다행히 피닉스 프로젝트는 아레시보 전파 망원경을 1년에 몇 주 동안은 사용할 수 있다. 그러나 그 망원경은 한 번에 단 1개의 항성계만 가리킬 수 있고, 피닉스 프로젝트가 검토하는 거의 20억 개에 달하는 채널을 조사하려면 약 여덟 시간을 관측해야 한다. 이러한 속도로 피닉스 프로젝트는 매년 50~100개의 항성만을 겨우겨우 검토하고 있다. 항성의 정밀 조사 비율을 따져볼 때, 우리은하 안에 있는 항성의 1퍼센트를 연구하려면 무려 수백만 년의 시간이 걸릴 것이다. 당연하게도, 세티의 연구자들은 앞으로도 오랫동안 엄청난 헌신을 각오하지 않으면 안 된다.

따라서 세티 과학자들은 감도 수준과 적정한 스펙트럼 대역폭을 유지하면서, 동시에 연구 속도도 높이고 싶어한다. 이 목적을 이루기 위해 세티 연구소는 버클리의 캘리포니아 대학교와 공동으로 새로운 유형의 전파 망원경을 만들어냈다. 새로운 전파 망원경은 아레시보에 있는 전파 망원경 같은 한 개의 커다란 접시 모양 안테나가 아닌 보다 작은 수백 개의 안테나로 구성될 것이다. 천문학자들은 이것을 '함대'라는 뜻의 '어레이'[1]라고 부른다. 전파 천문학자들은 이미 뉴멕시코 주에 VLA[2] 같은 전파 간섭계 망원경을 실제로 배치해 두었다. 이것은 '콘택트' 등 여러 SF 영화들에 자주 소도구로 이용될 정도로 촬영에 적합한 망원경이다. 하지만 이와 같이 팀으로 구성된 안테나들도 천문학자가 개인적으로 가지고 있는 접시 모양의 단일 망원경과 마찬가지로 주문·제작되는 부품들로 구성되기 때문에 크고(직경 25미터) 값이 비싸다.

세티 연구소는 새로운 도구 제작 비용의 상당 부분을 소프트웨어의 선구자인 폴 알렌[3]에게서 기부받았다. '알렌 망원경 어레이^{the Allen Telescope Array}'라는 명칭을 얻게 될 이 새로운 도구는 상대적으로 값이 싸고 안테나의 크기도 작게 만들어질 것으로 보인다. 이 어레이는 직경

1) array : 단독 장비보다 고속 처리가 가능할 수 있도록 여러 개의 장치를 병렬로 연결한 장비.
2) Very Large Array(VLA) : 25미터 망원경 27개를 레일로 배치하여 30킬로미터까지 늘렸다 줄였다 하면서 관측한다.
3) Paul G. Allen : 빌 게이츠와 공동으로 1975년에 마이크로소프트 사를 설립한 인물.

6미터인 작은 위성 망원경을 개조한 것으로, 관찰하려는 우주의 특정 범위가 지구 자전으로 인해 흔들리지 않도록 고정시키는 모터가 장착될 것이다. 이 새로운 어레이는 샌프란시스코 북쪽으로 500킬로미터 정도 떨어진 작은 산골 마을인 햇 크릭에 세워질 것이다. 이렇게 인적 드문 곳에 배치해야 인간이 만드는 도시 지역의 전파 방해로 인한 혼란을 줄일 수 있다. 이 망원경이 완성되면, 성능 좋은 350개의 위성 안테나들이 약 1평방킬로미터의 지역에 넓게 배치될 예정인데, 그렇게 되면 마치 '안테나 과수원' 처럼 보일 것이다.

작은 안테나들로 망원경을 구성하는 것은 어떤 이익을 가져다줄까? 우선, 비용이 상대적으로 적게 든다. 왜냐하면 위성 안테나는 수백만 명의 사람들이 일상적으로 사용하고 있는 제품이기 때문이다. 물론 이 안테나들은 하늘을 연구하는 데 적합하도록 개조되어야 하겠지만, 그래도 가격은 무척 저렴할 것이다. 두 번째 장점은 깨끗하고 상세하게 관찰할 수 있다는 것이다. 물리학은 큰 안테나가 작은 물체를 상세히 볼 수 있게 해준다는 사실을 우리에게 알

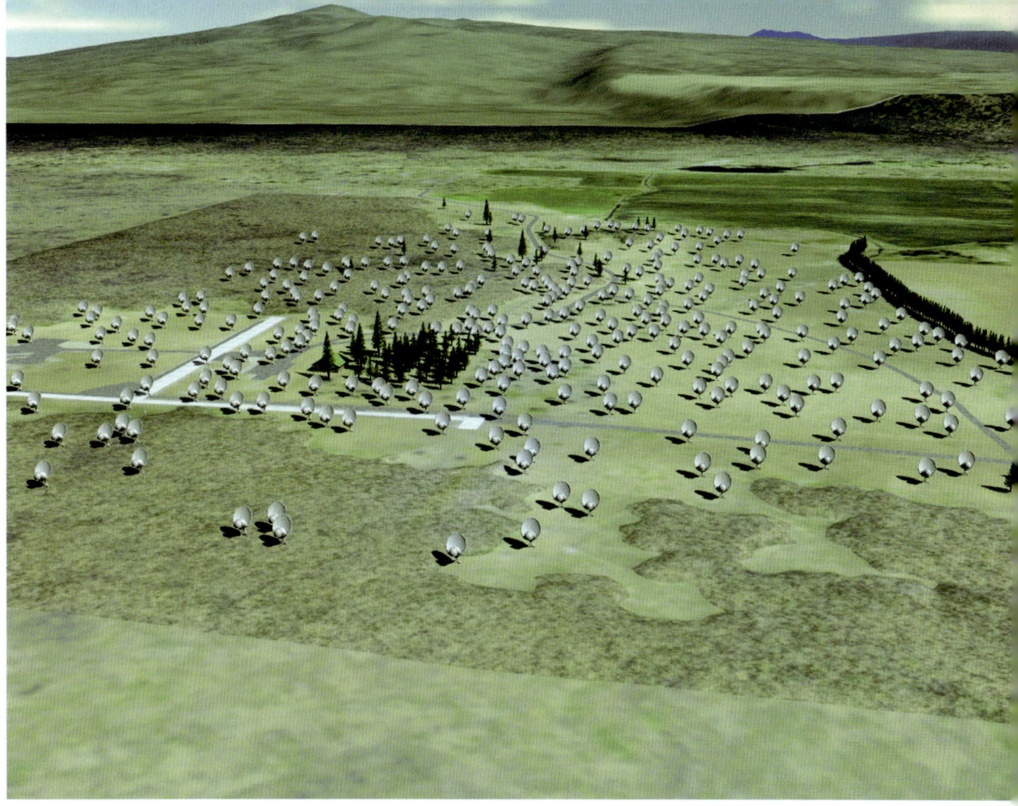

려준다. 1킬로미터의 잔디밭에 넓게 퍼져 있는 어레이는 1킬로미터 길이의 단일 안테나와 같은 분해능을 갖고 있다. 이 점은 '알렌 망원경 어레이'를 공동으로 사용하게 될 캘리포니아 대학교의 전파 천문학자들에게 가스 구름이나 은하 안의 미세 구조를 관측할 수 있게 해주는 매우 중요한 기능이다.

하지만 세티 작업에 직접적인 효과를 제공해주는 또 다른 장점이 있다. 어레이 망원경은 한 번에 1개가 아닌 여러 개의 항성을 볼 수 있게 해준다. 아레시보 망원경은 단 한 개의 픽셀(우리는 그것을 한 개라고 센다)만 갖고 있는 디지털 카메라와 같다. 따라서 한 번에 한 개의 대상밖에 조준을 못 한다. 그러나 어레이 망원경은 주변의 작은 안테나들로부터 하늘에서 수많은 픽셀이 형성되는 방식으로 데이터를 얻을 수 있다. 다시 말해 한 번에 여러 개 혹은 수십, 수백 개를 결합시킬 수 있는 것이다. 얼마나 많은 수의 항성을 관찰할 수 있는 전파 망원경은 크면 클수록 좋다. 천문학자의 입장에서 가장 흥미진진한 연구 대상은 때로 우리와 가장 멀리 떨어져 있는 천체이기 때문이다. 호기심 가득한 사람들은 특히 우주의 팽창에 대해 더 많은 것을 알고 싶어한다. 이러한 학습은 다가올 미래와 우리의 운명에 대해 상당히 많은 이야기를 해줄 것이고, 우주가 언제 어둠 속으로 사라질지를 예견해줄 것이다.

» 수신기를 올려다보고 있는 305미터의 안테나 중심부에서 찍은 아레시보 전파 망원경의 특이한 모습.

그러나 이렇게 굉장히 난해한 퍼즐을 풀기 위해서는 시간을 거슬러올라가는 일이 필요하다. 즉, 우주가 생성된 지 얼마 안 되었을 때의 팽창 상태를 측정해보아야 한다. 천문학자는 먼 곳을 바라봄으로써 과거를 응시한다. 만약 5억 광년 떨어져 있는 물체를 본다면, 그 우주는 5억 년 전에 존재한 것이다. 이렇게 천문학자들은 우뚝 솟은 산 위의 인디언 정찰병처럼, 더 먼 거리에 있는 것을 보기 위해 항상 눈을 부릅뜨고 있다.

그러나 안타깝게도 먼 곳에 있는 것은 대체로 더 희미하다. 멀리 떨어져 있는 은하는 가까운 은하보다 수백만 배 더 어두컴컴하다. 그렇기 때문에 커다란 망원경 – 광학 망원경과 전파 망원경 모두 – 의 수요가 더 클 수밖에 없다. 푸에르토리코에 있는 305미터 아레시보 접시형 망원경은 더 많은 범위를 관찰하고 더 넓은 지역의 신호를 모을 수 있는 성능을 자랑한다. 이 거대한 야수는 먼 은하에서 들려오는 우주의 정적인 신호를 연구하는 데 사용되며, 과학자들은 세티의 두 가지 주요 실험인 피닉스 프로젝트와 세렌딥 4차에서도 이 망원경을 사용하였다. 아레시보 망원경은 만들어진 지 40년이 흘렀지만 그동안 자신의 헤비급 타이틀을 다른 망원경에게 넘겨준 적이 없다.

한편에서는 아레시보 망원경보다 더 큰 전파 기구를 만들겠다는 계획을 세우기 시작했다. 'SKA'나 '스퀘어 킬로미터 어레이Square Kilometer Array', 라고 불리는 이 거대한 전파 망원경은 아레시보 망원경보다 10배나 넓은 집광 면적을 갖고 있고, 3배나 멀리 떨어진 물체를 조사할 수 있다. SKA는 여러 개의 실험을 동시에 실시할 수 있기 때문에, 피기백 방식의 세티 프로그램에도 사용될 수 있을 것이다. SKA와 같은 거대한 도구들이 갖는 장점은 상당하다. 이들은 아레시보 망원경이 탐지 가능한 거리보다 무려 3배나 떨어진 전송 장치들을 찾아내거나 오늘날의 감도 수준보다 훨씬 민감하게 근처 전송 장치를 탐지할 수 있을 것이다.

SKA 아이디어는 새로운 도구 사용에 관심이 많은 전파 천문학자들이 1994년에 실시한 연구에서 도출되었다. 현재 과학자들의 국제 컨소시엄이 SKA 계획 추진을 주관하고 있으며, 전세계적인 협력은 SKA의 기

» SKA에 대한 네덜란드의 제안서에는 수신기가 내장된 편평한 안테나를 수없이 많이 세우는 내용이 포함되어 있다.

» 캐나다의 경우, 커다란 반사경 위에 풍선을 매달아 세운 안테나를 사용한다.

가는 기본적으로 컴퓨터의 파워를 얼마나 이용할 수 있느냐에 따라 달라진다.

그래서 버클리의 전파 천문학자들이 '전파 사진'을 만들려고 어떤 흥미로운 관측 대상에 알렌 망원경 어레이를 조준할 때, 세티 연구자들은 그 근처 항성들까지 조사하더라도 소량의 픽셀만 사용할 수 있을 것이다. 이것은 세티가 하루에 24시간, 일주일에 7일 내내 데이터를 수집할 수 있음을 의미한다. 한번에 여러 개의 항성계를 정밀하게 조사할 수 있는 능력과 함께, 이렇게 쉬지 않고 대상을 관찰할 수 있다는 사실은 그들이 지금보다 훨씬 더 빨리 우주의 이웃을 철저히 조사할 수 있다는 뜻이기도 하다. 결국 알렌 망원경 어레이가 작동하기 시작하는 순간부터 지금보다 연간 100배는 더 빨리 가까운 별의 거주자를 조사할 수 있게 되는 셈이다.

　　세티가 보다 빠른 속도의 연구 하드웨어를 계획한 것은 전파에 대해서 만은 아니다. 전파와 마찬가지로, 다른 세계에서 만들어진 '번쩍이는 레이저 빛'을 탐지하고자 고안된 실험들도 이전까지는 한 번에 단 한 개의 행성만 조사할 수 있었다. 그러나 새로운 고속 멀티픽셀 사진 감지기가 그 속도를 보다 높일 것이다. 하버드 대학교에서 만든 1.5미터 망원경은 성간의 메시지일 가능성이 있는 '빛의 파동'을 찾으면서, 북쪽 하늘 전체를 천천히 그리고 자세히 조사할 것이다.

　　번뜩이는 빛이 발견되면, 그 빛은 하버드 남서부에서 약 500킬로미터 떨어져 있는 프린스턴 대학교의 관측 기기(하버드와 유사한 관측 기기이다)에 의해 먼저 검토될 것이다. 이처럼 망원경을 지리적으로 분산시키는 것이 이 실험에서는 중요하다. 망원경이 어느 쪽을 가리키고 있느냐에 따라, 대상 항성계에서 생겨난 빛은 한 망원경에 도달하고 나서 또 다른 망원경까지 도달하기 위해 보통 수백 킬로미터를 더 여행해야 할 것이다. 그 빛이 이미 몇 조 킬로미터를 여행해왔다면, 별로 중요한 문제가 아닐 수도 있다. 그러나 그 작은 차이로 인해 그 빛은 다른 망원경에 도달하기 전에 0.001초 먼저 어떤 한 망원경에 도달하게 될 것이다. 빛은 100킬로미터를 가는 데 0.0003초 걸린다. 따라서 이 망원경은 작은 시간 지연까지 쉽게 측정하고, 그 빛의 파동을 발생시킨 항성을 확인하고, 그 빛이 단지 관측 기기의 오작동으로 생겨난 것인지, 아니면 우주에서 생겨난 까다로운 빛줄기인지를 확인할 수 있는 훌륭한 방편인 것이다.

　　세티는 점점 더 좋아지고 있으며, 이러한 향상은 주저없이 이어진 기술의 행진 덕분이다. 그렇다고 해서 세티를 추진시킨 힘이

» 무어의 법칙 배후에 있는 바로 그 사람, 고든 무어.

단순히 기술만은 아니다. 디지털 전자공학의 발전 속도가 빨랐기 때문이기도 한 것이다. 실리콘 밸리의 선구자로 잘 알려진 고든 무어^{Gordon Moore}는 컴퓨터 칩 위에 제품화될 수 있는 트랜지스터의 수가 2년마다 두 배씩 늘어날 것이라고 수십 년 전에 주창하였는데, 그의 주장은 아직까지 유효하다. 기술의 진보는 가속화되었고, 오늘날 컴퓨터 칩은 18개월마다 2배씩 향상되고 있다. 이로 인해 집에 있는 퍼스널 컴퓨터는 하루아침에 구형이 되어버리곤 한다. 세티의 실험에서 우주를 탐사하는 데 걸리는 시간은 대부분 망원경 반대편에 있는 디지털 설비에 따라 차이가 난다. 따라서 대체로 컴퓨터 기술력이 2배 상승하면 연구의 힘 역시 2배 높아지게 된다.

특히 알렌 망원경 어레이와 같은 관측 기기는 거침없이 발전하는 기술적 장점을 얻는 데 적합하다. 만약 이 망원경이 완성되어 1년에 1,000개의 항성계를 조사할 수 있다면, 10년 후에는 10만 개의 항성계를 조사할 수 있을 것이다. 기술력의 향상 속도가 지금과 같은 수준으로 유지된다면, 알렌 망원경 어레이는 2025년 즈음에는 무려 수백만 개에 달하는 항성계를 상세히 조사할 수 있을 것이다.

이는 매우 흥미진진한 생각이 아닐 수 없다. 앞장에서 우리는 세티의 선구자인 프랭크 드레이크가 우리은하 안에서 신호를 전송하는 문명의 수를 약 1만 개로 계산했다는 점에 주목했다. 그의 계

» 아레시보 관측실의 냉장고 안에 있는 샴페인은 만일의 경우를 대비한 것이다!

산이 옳다면, 대략 태양과 같은 100만 개의 항성이 지적 능력을 갖춘 거주자를 갖고 있는 셈이 된다. 세티의 전략은 신호를 찾기 위해 태양과 같은 항성을 정탐하는 것인데, 여기서 우리는 100만 개의 항성을 조사하거나 외계 사회를 최초로 발견하는 좋은 기회를 놓치면 안 된다. 그러나 알다시피 그것은 2025년이 되어야 비로소 일어날 수 있는 일이다.

　　40년간의 연구에도 불구하고 세티의 실험은 우주의 심연에서 아직까지 외계 지성체로 인해 발생한, 깜짝 놀랄 만한 신호나 번뜩이는 빛을 찾지 못하고 있다. 그래서 우리의 탐색은 지금도 계속되고 있다. 이러한 사실은 확실한 증거가 될 만한 외계의 신호를 탐지하기까지는 수세기 혹은 그 이상이 걸릴 수 있다는, 침울한 소식이기도 하다(만약 영원히 그 신호를 찾지 못한다면). 그러나 디지털 전자공학 분야의 기하급수적 성장은 또 다른 사실을 시사해준다. 즉 이 책을 읽고 있는 독자가 살아 생전에 ET의 소리를 들을 수도 있다는 것이다.

　　만약 우리가 그 소리를 듣는다면 어떻게 될까?

외계의 신호를 발견한다면

5장에서 설명했던 것처럼, 신호를 탐지하고 확인하는 데는 며칠이 걸릴 것이다. 이런 상황이 실제로 일어날 경우, 사실 그것은 할리우드에서 픽션으로 묘사하는 것과는 사뭇 다를 것이다. 영화를 보면 과학자가 몇 년간 우주에서 우르르 소리만 듣다가 갑자기 불가사의한 소리를 듣고는 활기를 띠기 시작한다. 그리고 채 몇 분이 안 돼 엄청난 혼란이 야기된다. 영화에선 바로 이때 "유레카!"라고 외친다. 얼마 안 지나 세상의 모든 사람들은 이 놀라운 발견에 대해 알게 되고, 결국 그 일을 처리하는 데 정부가 상당 부분 개입하게 된다.

　　영화는 그럴듯해 보인다. 그러나 현실에서도 영화와 같은 방식대로 일이 벌어질까? 현실에서는 그럴 수 없을 것이다. 불가사의한 신호를 탐지했다고 해서 그것이 곧 외계인의 신호일 것이란 보장은 어디에도 없기 때문이다. 지상의 수많은 레이더 신호도 불가사의한 신호를 낸다. 어떤 신호에 대해 그것이 먼 항성계에서 온 것인지, 아니면 어떤 지역을 지나가는 비행기나 원거리 전기 통신 위성 신호인지를 확실히 구분하려면 일주일은 족히 걸린다.

다시 말해 불가사의한 신호를 발견하는 순간 "유레카!"라고 외칠 수는 없다는 것이다. 그 신호가 외계에서 온 것인지를 입증하기 위해 과학자들은 더욱 연구에 매진할 것이다. 그 와중에 그들은 분명히 친구나 친척에게 자신이 연구하고 있는 '흥미진진한 신호'에 대해 이야기할 것이다. 그런데 그것이 잘못 알려지기라도 하면 미디어는 그 사건을 재빨리 포착하여 이후에 과연 어떤 일이 일어날지 예측하느라 열을 올릴 것이다. 결국 신호를 발견한 사람들이 그것이 외계에서 온 것인지를 입증하기 위해 분주해하는 동안, 신문이나 텔레비전에서는 추측 기사로 떠들썩할 것이고, 그러다 보면 진실은 왜곡되기 십상이다.

몇 년 전, 저널리스트를 대상으로 비공식 여론 조사가 실시되었다. "전 시대를 통틀어 가장 큰 뉴스감은 무엇인가?"를 묻는 조사였는데, '외계의 신호'가 상위권에 랭크되어 있었다. 그렇다면 이러한 뉴스에 대해 대중들은 어떠한 반응을 나타낼까? 소설에서는 종종 두려움이나 공포가 전국적으로 확산될 것처럼 쓰곤 한다. 하지만 그렇지는 않을 것이다. 이미 지상에 외계인이 존재한다고 믿는 사람들의 비율이 높다는 사실을 명심하라. 그들은 적어도, '외계인에 관한 문제' 때문에 거리로 뛰쳐나와 폭동을 일으키지는 않을 것이다. 그들이 걱정하는 것은, UFO와 추락한 비행 접시에 관해 '사실대로 고백' 하려는 라디오 토크쇼 진행자를 정부가 방해하고 괴롭히지나 않을까 하는 점이다. 여기서 우리가 알 수 있는 아주 단순한 사실은 수백 혹은 수천 광년이나 떨어진 곳에서 온 신호는 어떤 식으로든 결코 위협이 되지 않는다는 것이다. 심지어 외계인은 자신이 방송했던 것을 우리가 탐지했다는 사실조차 모를 수 있다.

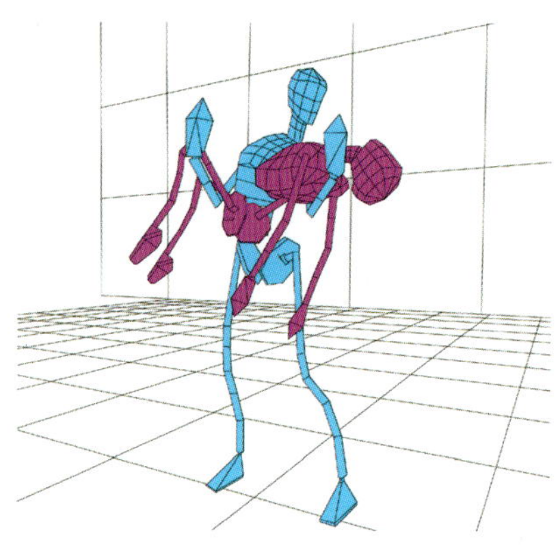

만약 우리가 그들의 신호에 응답을 한다면 어떤 일이 벌어질까? "우리가 당신의 이야기를 듣고 있습니다. 다음은 우리 세계에 대한 몇 가지 정보입니다"와 같은 내용으로, 우리의 우주 친구들에게 인간이 얼마나 훌륭한지 연상시킬 수 있는 사진과 음악 등을 가지고 방송을 진행한다면 어떻게 될까? 이것도 매우 그럴듯한 이야기처럼 들리지만 실상 그렇게 될 가망성은 없다. 그 음성에 답을 하는 것이 그리 좋은 생각이 아닐 수 있다. 왜냐하면 이러한 방식은 외계인에게 이 행성에 누군가 살고 있다는 비밀 정보를 제공하는 것으로, 그렇게 되면 외계인의 방문을 장려하는 꼴이 되기 때문이다.

그렇다면 큰일이다. 우리는 이미 그들에게 응답을 해왔고, 지금도 그것을 계속하고 있지 않은가. 우리의 텔레비전과 레이더 신호는 수십 광년 떨어진 우주로 나갔다. 그리고 이 신호를 되돌릴 길은 없다. 외계인의 침입에 대해 관심이 많은 일부 시민들은 이러한 신호가 기본적으로 치약과 비누를 팔겠다는 인간의 바람에서 비롯된 것이라고 생각하고, 결국 이 신호가 '요한계시록'의 예언을 현실로 만들 것이라고 주장해왔다. 그들은 진보한 사회가 신중하고 조용하게 항성계를 검토하고 있을 것이며, 그것은 결국 다른 사회가 파괴적이고 경쟁적인 하드웨어를 만들 수 있는 능력을 개발해왔음을 나타내주는 증거라고 주장하였다. 또한 그런 부류의 사람들은 만약 다른 세계가 우리의 신호를 감지하면 미사일을 발사해 그들에게 잠재적 위협이 될 수 있는 새로운 문명을 파괴할 것이라고도 이야기한다. 명확한 그들의 관점에서 보자면 문제는 시간이다. 즉 우리가 우주로 전송한 방취제 광고를 위협적으로 여긴 방어적인 외계인은 그 응답으로 우리에게 무기를 장착한 로봇을 보내 우리를 전멸시킬 테고, 문제는 그들이 과업을 완수하기까지 우리에게 어느 정도의 시간이 주어질 것인가이다. 만약 그들의 생각이 현실화된다면, 우리는 이 모든 것을 우리의 운명이라고 여기고 이웃에게 친절한 행동을 보이는 문제에 대해 심각하게 고려해야 할 것이다. 하지만 세티에서는 그런 일은 일어나지 않을 것이며 신호가 감지되었다 하더라도 그것이 기괴한 죽음으로 이어지지 않을 것이라고 보고 있다. 그것은 단순히 전파 기술의 출현일 뿐이다.

근거 없이 외계의 신호를 의심하고 불안해하는 주장에 대해서는 이제 신경을 끄자. 그보다는, 신호가 발견되는 즉시 우리가 가장 먼저 어떤 질문을 할지 생각해보자. 그것은 아마도 '우리가 응답을 해야 하는가?' 가 아니라 오히려 '그들이 무슨 이야기를 하고 있는가?' 일 것이다. 여기에 대한 대답은 오랜 시간이 흘러야 들을 수 있을 것이다. 반짝이는 레이저 파동으로 구성된 신호가 우리에게 들어왔다면, 그것은 재빨리 컴퓨터 기억 장치에 기록될 것이고, 그후 그 기록은 암호 해독 능력이 뛰어난 사람에게 보내질 것이다. 신호가 전파 망원경을 통해 들어온다면, 우리는 그 '메시지' 를 잃어버릴 수도 있다. 왜냐하면 세티의 전파 실험들이 데이터를 받는 데는 평균적으로 몇 초 혹은 몇 분이 걸리기 때문이다. 우리가 희미한 경치를 찍을 때 시간 노출을 통해 촬영 감도를 높이듯이, 세티의 실험들 역시 감도를 높이느라 몇 초의 시간을 지연시킨다. 그러다 보면 빠르게 변하는 전파 신호의 어느 부분을 빠뜨릴 수도 있다. 그런데 그렇게 놓친 부분에도 '메시지' 는 포함되어 있을 것이다. 만약 우리와 동일한 전파 망원경을 사용하는 외계인을 감지한다면, 이 세상에 그들이 존재한다는 사실은 확인할 수 있지만 그들의 프로그래밍은 얻지 못할 것이다.

이런 문제에 대한 명백한 해결 방법은 그 메시지를 찾을 수 있는 훨씬 크고, 보다 민감한 전파 망원경을 만드는 것이다. 다시 말하지만, 그 메시지가 발견되면 암호 해독이 가능한 수많은 사람들에게 그 메시지가 확실하게 분산될 것이다. 우리 역시 외계인이 과연 어떠한 암호로 메시지를 보낼지 골똘히 생각해왔다. 그러나 결국 우리는 외계인의 언어를 이해하지 못할 것이고, 어쩌면 그들은 언어 자체를 갖고 있지 않을 수도 있다. 언어를 갖고 있지 않다면 외계인은 우리에게 사진이나 음악을 보낼 수도 있고, 우주의 수학 언어를 사용하여 자기들의 메시지를 암호화하려고 애쓸지도 모른다. 이런 모든 상황이 가능

✱ 우리가 신호를 받지 못한다면 어떻게 될까?

가차없는 기술의 행군 덕택에, 오늘날의 세티 전파 실험들은 1960년에 실시된 첫 번째 연구보다 100조 배는 더 효율적으로 이뤄지고 있다.

아직까지 우리는 외계인의 소리를 듣지 못했다. 수십 년이 지나면 어떤 일이 일어날까? 우리는 그때까지도 외계 신호를 감지하지 못하고 있을까? 미래의 어느 시점이 되면, 연구자들마저도 외계인의 존재 가능성을 부정하고 "그들은 저 너머에 존재하지 않는다"라는 사실을 받아들이게 될까?

이 질문에 대한 대답은 누구에게 묻느냐에 따라 달라질 것이다. 세티의 많은 과학자들은 우리은하에 거주자가 있는지 알아내기 위해 저 하늘을 자세히 살펴보기 시작한 사람들 모두에게 그 일을 하는 데에는 엄청난 인내심이 필요하다고 강조할 것이다. 그들은 그것이 수 세대에 걸쳐 이루어질 수밖에 없는 탐구이며, 우리는 최선을 다해 그 기나긴 여행에 대한 준비를 해왔다고 이야기한다. 따라서 세티가 아직 신호를 찾지 못했다고 해서 흥분하기에는 이르다.

그러나 성공이 단지 연구의 지속성에 달려 있다는 생각에 동의할 사람은 아무도 없다. 1950년에, 이탈리아계 미국인 물리학자 엔리코 페르미^{Enrico Fermi}는 어느 날 점심을 먹다가 "그들은 모두 어디에 있는 것일까?"라는 물음을 던졌다. 이 질문은 페르미와 함께 식사하던 친구들이 사라졌음을 말하는 것이 아니다. 여기에는 더욱 심오한 생각이 담겨 있다. 페르미는 은하에 지성체가 종종 출현했다면, 그 가운데 일부 생명체는 오래 전에 이미 우주 여행에 숙련되었으리라고 판단한 것이다. 페르미에 따르면 지금쯤 외계 지성체가 거주 기준에 적합한 모

든 항성계에 살고 있어야 한다. 그런데 UFO가 외계 비행 물체라고 쉽게 믿어 버리는 경향을 갖고 있지 않는 한, 대부분의 사람들은 자기 이웃에서 단 한번도 외계인을 본 적이 없다. 여기서 부딪치는 문제가 있다. 외계 지성체가 여러 세계에서 발달해 있으나, 아직까지 우리가 속한 은하를 정복하지 못한 것이 아닌가 하는 의구심을 갖게 한다는 것이다.

이런 소박한 퍼즐을 가리켜 사람들은 '페르미의 역설Fermi Paradox' 이라고 부른다. 만약 세티가 우주를 정밀 조사하더라도 계속 아무런 성과를 거두지 못한다면, 몇몇 사람들은 이러한 페르미의 깨달음을 진지하게 받아들여야 한다고 말할 것이다. 지금까지 세티가 전혀 발견한 것이 없기 때문에 앞으로도 발견은 불가능한 일이라고 할 것이다.

어쩌면 극소수의 세티 과학자들도 이러한 주장을 받아들일지 모르겠다. 그러나 지금껏 우리가 단 한 건의 발견 성과도 거두지 못했다고 해서, 바로 그 이유만으로 우리가 우주의 유일한 존재라고 단언할 수는 없다. 세티 연구자들이 토크쇼나 만찬회에 나가서 늘 최우선적으로 밝히는 말이 바로 그것이다. "증거의 부족이 부재의 증거는 아니다." 진보한 사회에는 전파나 빛보다 훨씬 훌륭한 커뮤니케이션 방법이 존재할 텐데, 우리는 너무나 고지식한 전략에 따라 연구를 수행하고 있는지도 모른다. 이러한 이유 때문에 세티 연구자들은 새로운 관측 방법을 논의하고 있다. 만약 외계 지성체가 보다 발달한 커뮤니케이션 방법을 사용한다면 우리가 우주에서 유일한 존재라는 사실을 증명하기는 무척 어려울 것이다.

우리가 정밀 조사했던 수많은 항성들을 지금도 계속해서 신중히 살펴보고 있는 사람들은, 우리은하의 항성 범위에서 신호를 전송하는 외계인이 존재하는지 여부에 대해 어떤 결론을 이끌어내는 것은 시기상조라고 생각하고 있다. 그간 신중하게 검토가 이뤄진 항성 주변 거주지의 수는 겨우 수백 개에 불과했다. 우리은하에는 수천억 개의 항성이 있다. 그렇다면 지금 포기하기에는 너무 이르다. 콜럼버스도 항해를 시작한 지 몇 시간도 채 안 되어 돌아오지는 않았다.

하지만, 우리가 신호를 받을 때까지는 그들이 어떤 기획을 실제로 사용할는지 장담할 수 없다. 설령 우리가 사용할 수 있는 기획이 있다 하더라도 말이다.

　신호를 전송하는 사회가 아주 멀리 떨어져 있을 것임을 명심하라. 그들은 지구로부터 최소한 수십 광년은 떨어져 있을 것이다. 아니면 수백 혹은 수천 광년이나 떨어져 있을 수도 있다. 상호 커뮤니케이션은 긴 시간 동안의 지루한 기다림으로 이뤄질 테고, 이러한 사실은 외계인의 방송에서도 이미 알려진 사실일 것이다. 따라서 외계인도 사실상 일방향 방식으로 신호를 보내리라고 가정하는 것이 합리적이다. 그들은 우리와 대화를 하려 하기보다는 우리를 향해 메시지를 주려 하고 있을 것이다. 세티의 일부 과학자들은 외계인들이 자신들의 전문 사전으로 우리를 교육시키길 희망할 것이라는 가설을 내놓기도 했다. 왜냐하면 외계인들이 우리보다 훨씬 진보된 사회에 살고 있을 것 같기 때문이다. 그렇지 않더라도 최소한 그들은 우리가 우주에 신호를 보내는 수준의 매우 정교한 기술을 지니고 있어야만 한다. 이 점은 실용적인 측면이다. 우리에게 외계인은 단순히 우주의 친구일 뿐만 아니라, 우리가 새로이 발견하려면 수 세기가 걸리는 지식을 알려줄 존재이기 때문이다. 비록 외계인들이 아무런 응답을 하지 않고, 그들이 전송한 신호를 우리가 영원히 해독할 수 없을지라도 진보한 사회가 존재한다는 사실은 철학적 영역에서만 중요한 의미를 지니지는 않을 것이다. 또한 이 사실은 희망적인 뉴스가 될 것이다. 왜냐하면 기술적으로 정통한 모든 사회는 필연적으로 자기 파괴적이지 않다는 사실을 증명해줄 것이기 때문이다.

　물론 앞서 언급했듯이 우리는 지각 능력이 있는 외계인의 이타적인 메시지를 하나도 탐지하지 못할 수 있다. 우리가 받은 어떤 메시지는 상당히 뒤처진 우리은하의 어둠 전체를 널리 계몽시키고 싶어하는, 우월하고 순종(純種)적인 생물학적 종에 의해 전송된 것이 아니라, 기술력을 가진 동시에 지적으로 우수한 생산품, 즉 사고가 가능한 기계에 의해 전송되었을 가능성도 있다. 우리는 여기에 대한 준비도 해야만 한다. 우리가 듣게 될 모든 것이 복잡한 신경

망 컴퓨터들 사이, 즉 진정한 우주의 지성을 갖춘 존재들 사이를 돌아다니는 불가사의한 데이터 기류일 수도 있다.

그러나 생물학적 종이 보낸 것이든 아니면 지능이 있는 기계가 보낸 것이든, 세티가 감지한 그 신호는 우리가 우리 자신을 바라보는 방식을 끊임없이 변화시킬 것이라고 이야기한다. 다시 말해서 우리가 '우주'라는 방대한 모자이크를 구성하는 유일한 조각이라는 단순한 관점을 바꿔줄 것이다. 수억 년 동안 우리 행성을 우주에서 분리시킨 채 고립감을 안겨준 장애물, 우리의 시선을 아래로 향하게 만들고 우리의 사고를 편협하게 만든 그 장애물은 산산이 부서질 것이다. 세계는 하루아침에 변화될 것이고 우리는 우리의 전 역사와 모든 사회가 엄청난 책의 짤막한 서문일 뿐임을 깨닫게 될 것이다.

우리는 국립 우주 센터의 창의력 넘치는 팀원들, 아네트 소더랜^{Annette Sotheran}, 앤디 그레고리^{Andy Gregory}, 로저 존스^{Roger Jones}, 막스 크로우^{Max Crow}, 헬렌 오스번^{Helen Osbourn}에게 특별한 감사의 뜻을 전하고 싶다. 그들은 이 책에 사용한 무수히 많은 이미지들을 만들어 제공하는 데 도움을 주었다.

Andreas, A. *To Seek Out New Life: The Biology of Star Trek*, Crown, 1998

Ashpole, E. *The Search for Extraterrestrial Intelligence*, Blandford, 1990

Bennett, J., Shostak, S. and Jakowski, B. *Life in the Universe*, Addison-Wesley, 2002

Bracewell, R. N. *The Galactic Club: Intelligent Life in Outer Space*, San Francisco Book Company, 1976

Cameron, A. G. W. *Interstellar Communication*, W. A. Benjamin, 1963

Cohen, J., and Stewart, I. *What Does a Martian Look Like? The Science of Extraterrestrial Life*, John Wiley and Sons, 2002

Darling, D. *The Extraterrestrial Encyclopedia: An Alphabetical Reference to all Life in the Universe*, Three Rivers Press, 2000

Life Everywhere: The Maverick Science of Astrobiology, Basic Books, 2001

Davies, P. *Are We Alone? Philosophical Implications of the Discovery of Extraterrestrial Life*, Basic Books, 1996

Dick, S. J. Life on Other Worlds, Cambridge University Press, 1998

Dickinson, T. and Schaller, A. *Extraterrestrials: A Field Guide for Earthings*, Camden House Publishing, 1994

Drake, F. and Sobel, D. *Is Anyone Out There?*, Delacorte Press, 1992

Ekers, R. et al., eds., *SETI 2020: A Roadmap for the Search for Extraterrestrial Intelligence*,

SETI Press, 2002[technical description of the future of SETI]

Fichtman, F. SETI, Penguin Books, 1990

Fisher, D. E. and Fisher, M. J. 1998, *Strangers in the Night: A Brief History of Life on Other Worlds*, Counterpoint Press, 1998

Goldsmith, D. and Owen, T. *The Search for Life in the Universe*, University Science Books, 2001

Harrison, A. *After Contact: The Response to Extraterrestrial Life*, Plenum Press, 1997

Jackson, E. *Looking for Life in the Universe*, Houghton Mifflin, 2002[for ages 9-12]

Mallover, E. and Matloff, G. *The Starflight Handbook*, John Wiley and Sons, 1989

McConnell, B. *Beyond contact: a Guide to SETI and Communicating with Alien Civilizations*, O' Reilly and assocites, 2001

Levay, S. and Koerner, D. *Here Be Dragons: The Scientific Quest for Extraterrestrial Life*, Oxford University Press, 2002

O' Neill, Gerard K. *The High Frontier: Human Colonies in Space*, William Morrow, 1997

Parker, B. R. *Alien Life: The Search for Extraterrestrials and Beyond*, Plenum Press, 1998

Regis, E., Jr., ed. *Extraterrestrials: Science and Alien Intelligence*, Cambridge University Press, 1985

Schmidt, S. *Aliens and Alien Societies*, Writer' s Digest Books, 1995

Shostak, S. *Sharing the Universe: Perspectives on Extraterrestrial Life*, Berkeley Hills Books, 1998

Skhlovskii, I. S. and Sagan, C. *Intelligent Life in the Universe*, Holden-Day, 1966

Sullivan, W. *We Are Alone*, Penguin Books, 1993

Ward, P. and Brownlee, D. *Rare Earth: Why Complex Life is Uncommon in the Universe*, Copernicus Books, 2000

Webb, S. *If the Universe Is Teeming with Aliens... Where Is Everybody? Fifty Solutions to Fermi' s Paradox and the Problem of Extraterrestrial Life*, Copernicus Books, 2002

★ 이미지 출처

Seth Shostak: 10, 13, 45, 54(위), 60, 61, 64, 66, 82, 87, 99, 102, 110, 126, 133, 135, 143~145, 147(아래),

149, 156(위), 163, 173, 179, 189

Seth Shostak/NASA: 121

National Space Centre: 11, 14, 28~29, 30~31, 35, 37, 43, 53, 56~57, 68, 69, 71(위, 아래), 72, 73, 74(위, 아래),

83, 89, 91, 94, 96(전부), 100, 104, 107, 117, 150, 184

R. Williams and the HDF Team/NASA/STScI:20

SOHO/EIT Instrument:21

D. Padgett(IPAC/Caltech), W. Bradner(IPAC), K. Stapelfeldt(JPL)/NASA: 22

NASA/Hubble Heritage Team: 24

N. A. Sharp, NOAO/NSO/Kitt Peak/FTS/AURA/NSF: 25

HST/Jon Morse(University of Colorado)/NASA: 26

ESA 2001 Medialab: 27, 33

NASA/JSC: 36

NASA/JPL, Craig Altebery: 39

NASA: 40, 46, 115, 116, 119, 136, 166, 173(아래), 180

ESA/Beagle 2, All rights reserved: 41

ESA Double Cluster Image, A. Steere: 47

J. Caldwell(York University, Ontario), alex Storrs(STScI)/NASA: 54(아래)

NASA/JPL/University of Arizona: 62

NASA/Pat Rawlins: 118

NASA/JPL: 122, 178

NASA/JPL/Malin Space Science Systems: 123

SETI League/P.Shuch, Photo used by permission: 131(위, 아래)

National Radio Astronomy Observatory(NRAO): 129(아래), 134(아래)

SETI Institute: 141(아래)

Seth Shostak/SETI Institute: 134(위), 137, 138, 147(위)

Courtesy Big Ear Observatory: 139

Courtesy SOHO(Solar and Heliospheric Observatory): 141(위)

Oak Ridge Observatory/Harvard: 143

NASA/STScI: 157, 162

National Space Centre/Blue Streak, Courtesy national Muxeums and Galleries on Merseyside(Liverpool
Museum): 164

Andy Levin/Parade, Courtesy of the Estate of Carl Sagan: 170

Ly Ly/SETI Institute: 169

Bill Schoening Vanessa Harvey/REU Program/NOAO/AURA/NSF: 172

R. Evans, J. Trauger, H. Hammel and the HST Comet Science Team: 173(아래)

Image courtesy NRAO/AUI: 182

Isaac Gray/SETI Institute: 183

C. Fluke, Center for Astrophysics and Supercomputing, Swinburne University of Technology: 185

ASTRON, the Netherlands: 186(위)

National Research Council Canada Dominion Radio Astrophysical Observatory: 186(아래)

Intel Corporation: 188

Doug Vakoch/SETI Institute: 192